我们的广西
WOMEN DE
GUANGXI

北部湾

BEIBUWAN

○许贵林

胡宝清

黄胜敏

吴尔江

郝秀东 编著

广西出版传媒集团
GUANGXI CHUBAN CHUANMEI JITUAN

广西科学技术出版社
GUANGXI KEXUE JISHU CHUBANSHE

"我们的广西"丛书

总 策 划：范晓莉

出 品 人：覃　超
总 监 制：曹光哲
监　　制：何　骏　施伟文　黎洪波
统　　筹：郭玉婷　唐　勇
审稿总监：区向明
编校总监：马丕环
装帧总监：黄宗湖
印制总监：罗梦来

装帧设计：陈　凌　陈　欢
版式设计：黄昌茗

前　言

北部湾位于我国南海的西北部，东临我国的雷州半岛和海南岛，北临我国广西壮族自治区陆地辖区，西临越南，南与南海其他海域相连，是我国最大的一个半封闭的海湾。

海湾作为海洋运输通道中的栖息地和始发港，在海洋运输中占据极其重要的战略位置，是人类从事海洋经济活动及发展旅游业的重要基地。世界上大小海湾甚多，主要分布于北美洲、欧洲和亚洲沿岸，其中较大的海湾有240多个。历史证明，海湾地区如北美洲的墨西哥湾，日本的东京湾，中东的波斯湾，中国的杭州湾、渤海湾等，该区域内的沿海城市往往成为各国各地区参与国际分工和接收国际资金、技术、信息的主阵地，也成为经济活动的中心和人口的主要聚集地，是世界经济尤为活跃的地方。根据现有资料显示，世界十大海湾分别为孟加拉湾、墨西哥湾、阿拉斯加湾、几内亚湾、哈得孙湾、巴芬湾、大澳大利亚湾、卡奔塔利亚湾、泰国湾、波斯湾。这些海湾面积都在20万平方千米以上，在全球海上贸易活动中占据十分重要的战略地位。而北部湾作为我国面积最大的海湾，也是世界较大的海湾之一，自然也有着不可忽视的重要价值。

北部湾对地球的演化发展贡献巨大。它为海洋生命物种的繁衍生息提供了条件，在控制和调节气候方面发挥了重要作用，为人们提供了丰富的食物和资源，为海上交通提供了经济便捷的运输途径，也为人们探索自然奥秘、发展高科技产业提供了空间。广西北部湾作为北部湾的重要组成部分，经历了全球海洋和地质构造的演绎变化过程，见证了北部湾海域的形成、发展及变迁，与地球其他海域同呼吸、共命运，构成了全球海洋命运共同体，无时无刻不在影响着地球，影响着人类文明的进步与发展。

以广西北部湾经济区为重要支点，构建了一个泛北部湾海洋经济分布区和一个庞大的泛北部湾海洋经济综合体。泛北部湾海洋经济分布区包括：中国广西境内北部湾经济区的主干城市经济群，主要包含北海、防城港、钦州、南宁四市；与北部湾相邻的东盟国家，主要包含马来西亚、新加坡、印度尼西亚、越南、菲律宾和文莱六国；东部与北部湾相邻的海南岛西部地区以及南海岛屿海洋资源区。泛北部湾海洋经济综合体则意味着：以广西北部湾经济区为发展新一极，以北部湾及南海岛屿海洋资源为依托点，以越南、马来西亚、新加坡、印度尼西亚、菲律宾和文莱等国家为经济联动客体，在共同市场范围内，以海洋经济资源的综合利用和海洋科技工业多层次开发的产业群建设为主导，参与世界海洋经济分工体系，服务于中国-东盟及世界市场的地域产业群和商业网络。

广西北部湾素有"一片洁净海"的美誉，同时也是我国著名的"大渔场"、"生物场"、"海洋牧场"和"重要门户"。随着经济社会高速发展和人口不断增长，受环境污染、工程建设以及过度捕捞等诸多因素影响，很多海湾近海渔业资源严重衰退、水域生态环境日益恶化、水域荒漠化日趋明显，影响了海洋生物资源保护和可持续利用。广西北部湾尽管也受到一些影响，但是水质总体保持优良，生物多样性保持完整，海洋渔业保持可持续发展势头。

广西北部湾有涠洲、莺歌海等多个渔场，是我国的传统渔区。北部湾生物资源种类繁多，有鱼类500多种、虾类200多种、头足类近50种、蟹类20多种，还有种类众多的贝类、藻类和其他海产动植物。据有关资料，北部湾水产资源量为75万吨，可捕量为38万～40万吨。其中，东方鲎、金鲳鱼、海马、海蛇、海星、沙蚕、方格星虫等属于珍稀或重要药用生物。自古闻名于世的合浦珍珠亦产自这一海域。分布于沿海滩涂、面积占全国红树林面积40%左右的红树林以及分布于涠洲岛周围浅海、处于我国成礁珊瑚分布边缘的珊瑚礁，作为重要的热带海洋生态系统，具有"海上森林"和"海洋卫士"的美称，还具有极大的"蓝碳海湾"科研生态价值。这些海洋生物资源对发展海洋捕捞、海水养殖、海产品加工、海洋生物制药和科学研究都有非常重要的价值。

广西北部湾的海洋牧场是我国最先开展的建设工程之一，主要规划有白龙珍珠湾海洋牧场示范区、钦州市人工鱼礁区、北海市海洋牧场示范区等。海洋牧场采用现代化、规模化渔业设施和系统化管理体制，利用自然的海洋生态环境，将人工放养的经济海洋生物聚集起来，对鱼、虾、贝、藻等海洋资源进行有计划和有目的的海上放养，提高海域内经济海洋生物的多样性和产量，是保护和增殖渔业资源、修复水域生态环境的重要手段。海洋牧场是解决海洋渔业资源可持续利用和生态环境保护矛盾的金钥匙，是转变海洋渔业发展方式的重要探索，也是促进海洋经济发展和海洋生态文明建设的重要举措。发展海洋牧场，不仅能有效养护海洋生物资源、改善海域生态环境，而且还能进行"生态储碳"，提供更多优质安全的水产品，推动海洋渔业向绿色、协调、可持续方向发展。

这蕴藏着丰富价值的北部湾是如何形成、发展和演化的呢？是一个南海大陆架沉积盆地，受特提斯板块和太平洋板块与欧亚板块发生俯冲、碰撞和拉张作用的控制，还是在海西—印支褶皱带上发育形成的中、新生代断陷沉积盆地？北部湾在地理格局空间分布中，如何发挥世界海上通衢、南海一湾七国、中国沿海一极、中国南门户的作用？广西北部湾的自然条件、自然环境、"蓝碳"资源有什么特点？广西北部湾开发史中的"第四级聚集效应"、发展中的隆起沿海新一极、未来的"三大定位"新使命分别是什么？其在构建中国-东盟命运共同体中发挥怎样的作用？本书试图经过长期的资料收集、科学研究、理性分析给出答案。

藉广西壮族自治区成立60周年之际，广西壮族自治区党委宣传部部署、广西出版传媒集团策划并组织下辖六家出版社实施大型复合出版工程"我们的广西"。本书是"我们的广西"的组成部分。我们受广西科学技术出版社邀请，进行编撰，深感责任重大、使命光荣。

全书在广西科学技术出版社、南宁师范大学的支持下，由南宁师范大学北部湾环境演变与资源利用教育部重点实验室许贵林教授科研团队在前期研究成果的基础上完成。由许贵林教授等提出总体思路、章节设置。本书分为七章。第一、第二章由黄胜敏研究员编写，介绍了北部湾形成的地质原因与它在世界地理格局中的位置；第三、第四章由胡宝清教授及硕士研究生黄馨娴、廖春贵编写，介绍了广西北部湾的自然条件与自然资源；第五章由郝秀东博士编写，介绍了广西北部湾的蓝碳资源；许贵林教授及吴尔江博士梳理了海洋经济、海洋战略和广西参与"一带一路"的研究成果，编写了第六、第七章。广西海洋研究院李贵斌提供了大量珍贵的北部湾航拍照片。全书由许贵林、吴尔江负责统稿，是一部集体创作的结晶。

由于编著者水平有限，书中不当之处在所难免，恳请读者批评指正。

目　录

第一章 北部湾形成的地质原因

神奇美丽的北部湾，是南海西部边缘一颗璀璨夺目的明珠，是生命繁衍生息的港湾，是开启人类海洋文明的起点。大家可知道，亿万年来，北部湾受地质构造及地壳运动的影响，总是在不断地演绎变化，有时它是陆地，有时它是海滨，有时它是海岛……犹如大海浪潮，时涌时落，形成了独具特色的地质地貌。北部湾缔造了一方水土，积淀了丰厚的文化底蕴，伴随着人类文明的前进步伐，从远古走来，奔向未来。北部湾地区地质板块是怎样演化的？其海岸线是如何变迁的？海上丝绸之路是怎么起航的？让我们走进北部湾，一起去探究北部湾的前世今生！

一、地质板块演化

板块构造学说是现代地球科学研究的一个重大进展。根据板块构造学说原理，地貌形态的改变、海陆的变迁等都是由于地壳水平运动引起的。北部湾地处华南块体的南端，太平洋构造带与古地中海—喜马拉雅构造带的复合部位，受地质板块运动影响极大。该位置地壳活动频繁，先后经历了7个活动时期和19次构造运动。研究和了解北部湾地质板块构造及特征，对探讨北部湾形成过程、分析北部湾盆地形成机制以及指导其开发建设具有重要意义。

北部湾位于我国南海的西北部，东临我国的雷州半岛和海南岛，北临我国广西壮族自治区陆地辖区，西临越南，南与南海其他海域相连，是一个半封闭的大海湾，面积约12.93万平方千米。北部湾是地球海洋的重要组成部分，地球海洋和地质构造的演绎变化造就了北部湾海域的形成、发展及变迁。北部湾与其他海域一样，对地球的演化发展贡献巨大。它为海洋生命的繁衍生息提供了条件，在控制和调节气候方面发挥了重要作用。同时，北部湾为人们提供了丰富的食物和资源，也为人们提供了经济便捷的海上运输途径，还为人们探索自然奥秘、发展高科技产业提供了空间。北部湾与其他海域同呼吸、共命运，构成了全球海洋命运共同体，无时无刻不在影响着地球，影响着人类文明的进步与发展。

北部湾是如何形成、发展和演化的呢？地质学家研究认为，北部湾经历了复杂而长期的地质演化。研究显示，北部湾是一个典型的南海大陆架沉积盆地，主要受特提斯板块、太平洋板块与欧亚板块发生俯冲、碰撞和拉张作用的控制，是在海西—印支褶皱带上发育形成的中、新生代断陷沉积盆地，属华夏板块。受板块作用影响，北部湾在地质构造演化上具有两个明显的特点，即早期张裂和晚期裂后热沉降，从而使古近系、新近系构成了明显的下断上拗的双重结构。早期张裂阶段可分为三期：第一期张裂开始于古新世（距今6500万～5300万年），由于南海扩张的影响，东北向基底断裂的复活，形成裂谷型地堑盆地，在盆地内充填了长流组洪积相、冲积相红色或杂色粗碎屑沉积；第二期张裂发生在始新世（距今5300万～3650万年），在前期张裂的基础上，盆地断裂继承性发育，在这期间沉降速度大于沉积速度，湖平面逐渐扩大，湖水不断加深，沉积一套半深水至深水湖相泥岩、页岩及砂岩的流沙港组地层；第三期张裂开始于始新世末至渐新世（距今3500万～2300万年），基底先抬升，而后张裂，涠洲组地层明显上超，沉积了一套河流冲积相、三角洲、扇三角洲、盆底扇、滨浅湖等沉积体系和子体系。新近纪开始，整个北部湾盆地进入拗陷阶段，除少数主干断裂外，多数断裂停止发育，整体下沉接受海相沉积。中新世末，菲律宾板块的逆时针旋转作用，在南海北部形成压扭应力场，北部湾盆地又经历了一次挤压反转运动。这个时期盆底区域性沉降加强，整个盆底拗陷下沉，海水侵入北部湾，形成了一套滨浅海碎屑岩沉积，覆盖于断陷沉积之上。新近系厚度变化较大，在盆地内为1200~2100米，在南北隆起区减至300~600米。盆地内的断裂活动逐步趋于停止（图1-1）。

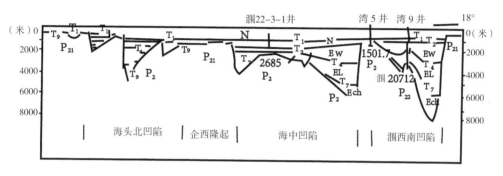

图1-1　北部湾盆地横剖面图

　　第四纪是北部湾构造演化最明显的地质阶段。北部湾地处华南块体的南端、太平洋构造带与古地中海—喜马拉雅构造带的复合部位，受喜马拉雅造山运动的影响，南海地形从周边向中央倾斜，地形单元依次分布着大陆架和岛架、大陆坡和岛坡、深海盆地。北部湾介于欧亚板块、太平洋板块及印度洋板块之间，与海沟、岛弧共同构成西太平洋独特的沟-弧-盆体系，既与全球构造体系有着密切的衍生关系，又有自己独特的地质特征和演化过程。喜马拉雅运动的第三幕，青藏高原急剧隆起，地壳大幅上升，周围盆地大幅度沉降，部分地区有第四纪火山喷发活动。第四纪初，北部湾北部边缘发生海退，陆地遭风化剥蚀。合浦盆地沉陷，形成河流相沉积。南康盆地拗陷，形成近海河流相沉积。涠洲岛、斜阳岛为海陆交互相，有小规模火山喷发。早更新世晚期，涠洲岛、斜阳岛发生断块下沉，海面上升，随后海退，陆地遭风化剥蚀。中更新世早期，北部湾地壳下降，海盆扩大，合浦盆地、南康盆地形成河口网状河流的滨海环境。晚更新世，合浦盆地下降，南康盆地上升。早更新世与中更新世沉积层红壤化。中更新世至晚更新世，涠洲岛、斜阳岛处于海水环境，海底火山喷发。北部湾地区发生过几次大规模的地幔热柱上升事件，在多次喷发及随后的海洋抬升后，留下了千姿百态的火山熔岩、火山灰、火山弹以及海蚀崖、海蚀洞、海蚀平台，那一面面崖壁上经火山爆发的烧灼和挤压留下的线条怪诞、色彩绚丽的岩纹和多姿多彩的海蚀与海积地貌随处可见（图1-2）。

晚更新世发生全球性大海退，在距今约18万年前为鼎盛时期，海面要比今日低约130米，南海北部大陆架广泛海退暴露出陆地，使哺乳动物和人类可以从陆地迁移到岛屿上去。早全新世早期，陆区海水退

图1-2 北部湾火山岛海滩

出，形成河流阶地，海边形成海积阶地，河口形成三角洲平原。中全新世晚期，海平面上升至高出现今陆地面6.74米的位置，形成海积海蚀地貌。晚全新世缓慢海退，中全新世沉积的滨海沙滩相及三角洲相露出水面，形成海积阶地及三角洲平原，就此形成北部湾现在的格局（图1-3）。

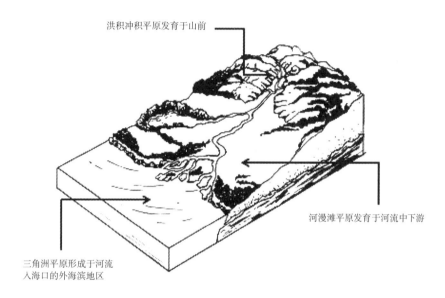

图1-3　北部湾入海口河流阶地示意图

现在的北部湾三面被陆地和岛屿环绕，呈"U"形，水深分布为从沿岸向湾的中西部和湾口逐渐加深，平均水深38米，在湾口局部水域水深为60米，最深处为106米。从地形地貌上看，北部湾北部、东北部和西部坡度平缓；中部偏东区域，特别是海南岛西侧近海海底坡度较大；中部区域相对地势平坦，自西北向东南倾斜（涠洲岛除外）。除白龙尾岛和斜阳岛附近的海底稍微隆起外，其余地区的倾斜度一般在2°左右。北部湾基质为上古生界碳酸盐岩和碎屑岩。由沉积物的化学成分和颜色可知北部湾的沉积物主要是陆源物质，浅海相以黏土、粉砂为主，岸边粒度较小，中央海区粒度较大，含较丰富的有孔虫及介形类化石。据统计，北部湾沿岸共有200多条河流入海，我国主要有广西的南流江、大风江、北仑河、茅岭江和钦江以及海南的昌化江、珠碧江等，越南主要有红河、马江和兰江等。大量的陆源物质输入及独特的气候环境，对海洋物种数量、群落结构以及其他资源的分布造成了影响，极大地促进了北部湾海洋生物多样化发展。

二、海岸变迁运移

海岸线是海洋与陆地的分界线，是海洋、陆地、大气等自然环境相互作用的前沿，被国际地理数据委员会（IGDC）定为最重要的27种地表特征之一。海岸线包括大陆海岸线和岛屿海岸线，中国拥有总长度达32000多千米的海岸线，是世界上海岸线最长的国家之一。北部湾海域海岸线约长4234千米，其中位于广西的海岸线占二分之一。广西的大陆海岸线东起合浦县洗米河口，西至中越交界的北仑河口，约长1595千米，岛屿岸线长604.5千米，海域面积约4万平方千米。广西近海滩深广大，面积达1005平方千米。0~20米浅海广阔，面积达6488平方千米。铁山港、大风江口、茅岭江口、防城河口为溺谷型海岸，南流江口、钦江口为三角洲型海岸，钦州及防城港两市沿海为山地型海岸，北海合浦为台地型海岸。海岸带是海洋与陆地相互作用最频繁、最活跃的地带，深刻地反映了海陆之间的相互作用关系，它的变化能揭示自然地理环境的变迁。

海岸的发育和形成过程主要受波浪、潮汐、海流、海平面变动、地壳运动、地质构造、岩石性质、原始地形、入海河流以及生物等因素影响。构造演化研究显示，南海是西太平洋最大的边缘海，古新世以来经历过四次大的构造演化阶段（图1-4）。晚白垩纪至古新世，南海发生礼乐运动，南沙地块开始产生一系列地堑和半地堑，盆地进入裂谷早期发育阶段；晚始新世至早渐新世，南海发生新生代以来第二次张性构造运动——西卫运动，全球海平面大规模下降，该期是古南海消减、新南海形成的关键阶段；晚渐新世至早中新世，南海北部乃至东亚地区发生白云运动，南海中央海盆扩张，形成南海中央次海盆，南沙地块加速向南推移，最终与婆罗洲地块拼贴，南海现代的地理格局基本形成；中中新世至晚中新世，南海南部发生万安运动，此后海底扩张停止，洋盆开始冷却，并由此调整进入区域热沉降阶段；晚中新世至上新世，南海轮廓基本形成，海平面持续上升，发育披覆式盖层沉积；上新世至更新世，海平面继续上升，并迅速淹没大陆架，盆地由断陷转换为拗陷。

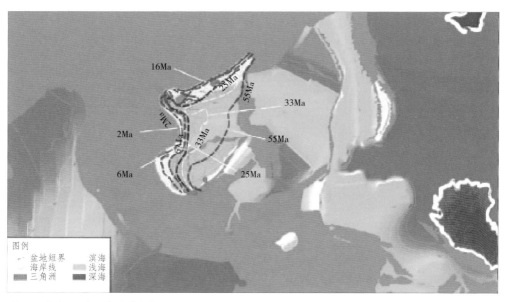

图1-4　南海55万年以来海岸线变迁

更新世以来，受喜马拉雅造山运动、地质构造及多次海侵影响，北部湾海岸呈现了错综复杂的变化（图1-5至图1-8）。根据北部湾第四纪地层研究和分析，早更新世海岸线分布于涠洲岛与现今大陆海岸之间。中更新世海岸线位于合浦及北海等地，为北海组陆地一侧的边缘界线，钦州与防城港等地为现今陆岸与合浦-岑溪大断裂的中间位置。晚更新世海岸线位于钦州湾以西，为江平组陆地一侧的边缘界线，如沙螺辽、下底坡、天堂坡、江平镇等地分布于江平组的海岸阶地后缘位置。早全新世海岸线主要位于现今海岸线向海一侧的附近位置，钦州湾早全新世海岸线位于钦州-百色大断裂及合浦-岑溪大断裂两大断裂交点以北断裂所在的位置或其位置附近。中全新世发生了规模较大的海侵，广西北部湾沿岸断断续续分布着此时期沉积形成的海积阶地及海陆交互相沉积形成的三角洲平原，由此推断中全新世海岸线位于中全新世海相沉积层的海岸阶地后缘位置，如防城港市京族三岛、江平镇、大坪坡、港口东区海岸、关塘、天堂坡及下底坡，北海市高德镇-山口镇海岸及涠洲岛北部、南湾海岸等地。晚全新世时，局部地区如防城港市大坪坡、樟木、天堂坡以及北海市涠洲岛形成了晚全新世一级海积阶地，晚全新世海岸线则位于一级海积阶地的后缘位置，与现代自然海岸线已基本相同。

1982年12月10日，在牙买加的蒙特哥湾召开的第三次联合国海洋法会议最后会议上，通过了《联合国海洋法公约》。根据规定，各沿海国有权将从测算领海宽度的基线起向外延伸200海里（约370.4千米）的海域开辟为沿海国的专属经济区，但沿海国对所管辖的专属经济区只享有"以勘探和开发、养护和管理海床上覆水域和海床及其底土的自然资源（不论为生物或非生物资源）为目的的主权权利，以及关于在该区内从事经济性开发和勘探，如利用海水、海流和风力生产能等其他活动的主权权利"。对于有宽大陆架的沿海国，领海以外还包括大陆架，最大宽度可以向外延伸至350海里（约648.2千米）。沿海国家管辖范围以外的海域称为公海与国际海底。因此，海洋被划分为沿海国家的领海（包括内水）、管辖海域（包括毗连区、大陆架和历史性海域等）和公海与国际海底三个部分。

广西权属的海岛分布在北部湾北部海域，按成因可分为大陆岛、海洋岛、冲积岛三类；礁与滩分为明礁、干出礁和干出滩三种。岛礁多数分布在钦州湾内，大多数岛礁沿大陆海岸线分布，离岸近。参照广西行政区划，广西海岛可划分为北海近海岛区、钦州近岸岛群和防城近岸

图1-5 北部湾滨海地貌（一）

图1-6　北部湾滨海地貌（二）

图1-7　北部湾滨海地貌（三）

图1-8　北部湾滨海地貌（四）

岛群。在这些岛群中的海岛，有的经多次围垦开发，现已成为堤连岛、路连岛、桥连岛或陆连岛（图1-9）。广西海岛的地理分布情况如下：面积小，绝大多数是小于2平方千米的小岛，分别权属于北海市的合浦县、钦州市的钦南区以及防城港市。据统计，广西北部湾约有677个岛礁（不包括疑似新增岛礁），岛礁总面积约111.422平方千米。其中北海市有岛礁149个，面积约为35.382平方千米；钦州市有岛礁260个，面积约为37.321平方千米；防城港市有岛礁268个，面积约为38.719平方千米（表1–1）。涠洲岛位于北海市，是广西最大的岛屿，面积约为24.74平方千米。

表1–1　广西北部湾岛礁分布、数量、岸线长度、面积统计表

分布	数量					岸线长度（千米）	面积（平方千米）
	大陆岛（个）	冲积岛（个）	海洋岛（个）	明礁（个）	干出滩（个）		
北海市	146	—	3	—	—	149.395	35.382
钦州市	258	1	—	1	—	238.607	37.321
防城港市	260	6	—	1	1	200.369	38.719
合计	664	7	3	2	1	588.371	111.422

图1-9　北部湾海岛

第二章　世界地理格局中的北部湾

　　21 世纪是海洋的世纪，海洋代表着人类的希望和未来。在全球范围内，海洋经济已高度渗透到国民经济体系内，成为拓展经济和社会发展空间的重要载体，是衡量国家综合竞争力的重要指标。早在 2000 多年前，古罗马哲学家西塞罗就曾说过："谁控制了海洋，谁就控制了世界。"随着工业化、城市化、全球化造成的资源匮乏和环境压力，世界各国逐渐认识到海洋的价值。1982 年，第三次联合国海洋法会议正式通过《联合国海洋法公约》，此后 30 多年，人类对海洋和海洋问题的关注超过了过去任何一个时代。2013 年，我国海洋生产总值已达 54313 亿元，占国内生产总值的 9.5%。预计到 2030 年，我国海洋生产总值将超过 20 万亿元，占国内生产总值的比重将超过 15%。世界各国的海洋经济投入不断增加，海洋产业门类不断增多，海洋合作项目不断涌现，海洋科技进步迅速，海洋经济呈现如火如荼的发展趋势。北部湾地处中国南部大陆边缘，是中国联系东南亚国家以及通往亚太地区其他国家和地区的重要通道，将在"一带一路"倡议和海洋空间的开发利用中发挥极为重要的作用。

一、世界海上通衢

　　海湾常常作为海洋运输通道中的栖息地和始发港，在海洋运输中占据极其重要的战略位置。《联合国海洋法公约》中对"海湾"的定义是：海湾是明显的水曲，其凹入程度和曲口宽度的比例，使其有被陆地环抱的水域，而不仅为海岸的弯曲。海湾是人类从事海洋经济活动及发展旅游业的重要基地。世界上大小海湾甚多，主要分布于北美洲、欧洲和亚洲沿岸，其中较大的海湾有240多个。历史证明，海湾地区如北美洲的墨西哥湾，日本的东京湾，中东的波斯湾，中国的杭州湾、渤海湾等，该区域内的沿海城市往往成为各国各地区参与国际分工和接收国际资金、技术、信息的主阵地，也成为经济活动的中心和人口的主要聚集地，是世界经济尤为活跃的地方。根据现有资料显示，世界十大海湾分别为孟加拉湾、墨西哥湾、阿拉斯加湾、几内亚湾、哈得孙湾、巴芬湾、大澳大利亚湾、卡奔塔利亚湾、泰国湾、波斯湾。这些海湾面积都在20万平方千米以上，在全球海上贸易活动中占据十分重要的战略地位。

纵观世界十大海湾，由于所处的地理位置不同，受洋流、季风气候等的影响，形成了特点各异的海湾环境，其海洋贸易也不尽相同。从世界十大海湾的空间分布看，大部分海湾分布在中纬度较低地区，少部分分布在高纬度地区；孟加拉湾、大澳大利亚湾、泰国湾、波斯湾四个海湾位于印度洋，墨西哥湾、几内亚湾、哈得孙湾三个海湾位于大西洋，阿拉斯加湾、卡奔塔利亚湾两个海湾位于太平洋，巴芬湾位于北冰洋；有三个海湾位于亚洲地区，四个海湾位于北美洲地区，两个海湾位于大洋洲地区，一个海湾位于非洲地区。孟加拉湾、墨西哥湾、波斯湾等海湾地处赤道至北纬30°左右，气候温暖湿润，海湾港口密集，沿岸海洋贸易和渔业较为发达，休斯敦、曼谷、加尔各答、迪拜等世界著名的港口城市皆分布在这一区域；而处于北纬60°及以上的阿拉斯加湾、哈得孙湾和巴芬湾，气候寒冷，海湾港口较少，但渔业更为发达。

北部湾是中国面积最大的海湾，也是世界较大的海湾之一。与世界十大海湾相比，从地理位置看，北部湾地处北回归线附近，与孟加拉湾、墨西哥湾、泰国湾、波斯湾等海湾纬度相同或接近，同属热带和亚热带气候，夏季受热带海洋性气候影响，冬季受大陆季风性气候影响，具有相似的海洋环境。从地域范围看，北部湾与孟加拉湾、墨西哥湾、几内亚湾、泰国湾、波斯湾五个海湾一样具有国际湾性质，都涵盖了两个以上国家的海域范围，都具有国家领海合作的意义。孟加拉湾沿岸国家有斯里兰卡、印度、孟加拉国、缅甸、泰国、马来西亚和印度尼西亚七国；墨西哥湾沿岸国家有美国、墨西哥、古巴三国；几内亚湾沿岸国家有利比里亚、科特迪瓦、加纳、多哥、贝宁、尼日利亚、喀麦隆、赤道几内亚、加蓬、圣多美和普林西比；泰国湾沿岸国家有马来西亚、泰国、柬埔寨和越南四国；波斯湾沿岸国家有伊朗、伊拉克、沙特阿拉伯、科威特、卡塔尔、阿拉伯联合酋长国、巴林、阿曼八国。以上海湾沿岸国家的港口城市，都成为了该国人口尤为密集的地区以及金融和经济贸易中心。北部湾沿岸有中国、越南两个国家，泛北部湾经济区还包括马来西亚、新加坡、印度尼西亚、菲律宾和文莱等国家。北部湾又与孟加拉湾、泰国湾比较接近，海湾相对集中，这些海湾都将成为中国倡导"一带一路"倡议，面向东亚、西亚，衔接欧洲、非洲的重要通道。

进入21世纪以来，广西北部湾主要港口城市，包括防城港市、钦州市、北海市等与世界上很多海湾地区的港口城市建立了良好的海上贸易关系。据统计，北海市与美国塔尔萨市、日本八代市、澳大利亚黄金海岸市、斐济苏瓦市、瑞士卢加诺市、泰国合艾市、菲律宾普林塞萨港市、印度尼西亚三宝垄市、捷克亚布洛内茨市、芬兰伊马特拉市等十二个城市建立了友好关系。防城港市与越南下龙市、越南海河县、印度尼西亚槟港市、韩国永同郡、波兰热舒夫市等地区建立了友好关系。钦州市与马来西亚关丹市、澳大利亚班达伯格市等城市建立了友好关系。2012年，广西北部湾港吞吐量为1.74亿吨，比2011年增长了13.8%，实现了历史性突破。2013年，广西北部湾港完成货物吞吐量1.87亿吨，集装箱首次突破100万标准箱。广西北部湾现已成为中国西南、中南内陆腹地进入中南半岛东盟国家最便捷的出海门户，成为连接东盟，辐射南亚、西亚，覆盖全球的远洋贸易网点。

二、南海一湾七国

在南海广阔的怀抱里，碧波万顷的北部湾连接着七个国家，其北面是中国大陆，西侧及南面是东盟成员国越南、马来西亚、新加坡、印度尼西亚、菲律宾和文莱。广西作为我国唯一与东盟国家海陆相连的省区，"一湾连七国"，并拥有以钦州、防城港、北海为基地覆盖东盟国家47个港口城市的城市合作网络。广西北部湾港是我国距离马六甲海峡最近的港口，也是西南地区最便捷的出海通道。这些优势，使得广西在海上丝绸之路的建设中，特别是与东盟国家的合作中，具有不可替代的战略地位和作用。广西与东盟国家的贸易额由2002年的6.3亿美元提高到2013年的159.1亿美元，增加了24.3倍。广西与东盟国家的贸易额在广西对外贸易总额中的比重从25.9%上升至48.5%。东盟已经成为广西第二大外资来源地。广西北部湾将充分依靠地缘优势、港口优势、海洋资源优势、人文优势以及中国–东盟自由贸易区平台优势，串起连通南亚、西亚、北非、欧洲等各大经济板块的市场链，作为"一带一路"倡议的重要组成部分，担负起谱写21世纪海上丝绸之路新篇章的伟大使命。中国"一带一路"倡议与东盟发展战略的对接是过去双边经贸关系发展的结果，也是未来双边经贸关系深化的方向。中国提出的"一带一路"倡议得到了世界各国的广泛响应，与北部湾衔接的六个东盟成员国分别根据其所处的地理位置和环境，以及国内政治、经济、社会和文化等发展的差异提出了特色鲜明、各有侧重的海洋战略目标。

广西北部湾经济区处于我国对外交流的关键位置，与东南亚国家贸易往来十分频繁且历史久远。早在西汉时期，北海合浦已经是我国重要的对外贸易港口，是中国最早的海上丝绸之路始发港之一。近代以后，北海（1876年）、龙州（1887年）、梧州（1897年）、南宁（1907年）先后开埠。北海开埠是北部湾地区对外通道从传统格局走向近代格局的一个重大转折点，促进了近代北部湾地区交通建设的全面启动、对外贸易的进一步发展以及区域市场多元化格局的出现。根据《中华民国九年通商各关华洋贸易全年清册（北海口）》记载，"1887～1891年，洋货进口估值关平银1605万两，土货出口总值达454万两，进出口总额2059万两关平银"，以北海为中心的近代对外通道新格局已形成。1919年，孙中山在振兴中国经济的《建国方略》中，对钦州港给予了高度的评价，说"钦州位于东京湾（北部湾）之顶，中国海岸之最南端"，认为钦州港是大西南最便捷的出海通道，并在他规划的中国海港计划中，将钦州港列为仅次于广州港的南方第二大港。孙中山的实业计划对北部湾海洋格局以及中国近代经济建设产生了一定的影响。抗日战争期间，北部湾海外贸易曾一度中断。1946年底，北海开始恢复至广州、香港、澳门等地区及越南等国家的海运航线。中华人民共和国成立后，北部湾地区的对外交通条件得到了明显改善，逐步形成了以海运为对外交往联系的纽带、以公路运输沟通内陆的对外通道格局，对外通道开始向立体化发展。然而，中国区域经济发展战略更多地受制于中外政治、军事因素，广西北部湾地区对外经济通道的正常发展受到制约，区位优势没有得到充分发挥，区域经济发展长期滞后。自美苏冷战结束以来，世界经济发展重心逐渐由大西洋沿岸向环太平洋地区转移，太平洋西岸地区的东京、上海、台湾、香港以及东南亚地区逐渐成为当今世界最具活力的经济区域之一。然而，在中国与东盟对接的环北部湾地区，经济还相对落后，从而成为了上述经济带之间一个距离较长的断裂带。这一格局不仅制约了东亚广大内陆地区的经济发展，而且阻塞了东亚、东南亚与南亚地区之间的有效交往。1992年，中国做出了把广西建设成为"西南出海大通道"的战略决策，拉开了广西北部湾地区沿海港口建设的大幕。

广西北部湾作为我国西南地区最便捷的出海通道，是泛北部湾经济区建设的核心区域，拥有众多的小港口和三大天然良港——防城港、钦州港和北海港。广西北部湾沿海港口距越南海防港只有约150海里（277.8千米），距新加坡港约1300海里（2407.6千米），距泰国曼谷港约1400海里（2592.8千米），与泛珠三角地区的香港毗邻，与台湾主要港口保持航线联系，是我国连通东盟、南亚、西亚以及欧洲、北非的重要通道，也是开展国家海洋战略的重要门户，将在21世纪海上丝绸之路建设和中国-东盟自由贸易区建设中发挥极其重要的作用。中国-东盟自由贸易区是指中国与东盟十国组建的自由贸易区（简称"自贸区"），即"10+1"。它是中国对外商贸的第一个自贸区，也是东盟作为整体对外商贸的第一个自贸区。该自贸区覆盖1300万平方千米土地，惠及19亿人口，是目前世界上人口最多的自贸区，也是发展中国家间最大的自贸区。泛北部湾经济区于2006年7月由广西壮族自治区人民政府在首届"泛北部湾经济合作论坛"中首次提出，其覆盖区域包括中国与邻近北部湾海域的越南、马来西亚、新加坡、印度尼西亚、菲律宾和文莱六个国家。从提出该构想到《泛北部湾经济合作路线图（战略框架）》通过，得到了中国国家领导人的肯定与支持。2011年，国务院总理温家宝在中国-东盟领导人峰会上决定出资30亿元人民币设立中国-东盟海上合作基金，为开拓泛北部湾经济区的海上务实合作提供了资金支持。立足上述战略区位优势和港口海运优势，北部湾经济区加快建立与泛北部湾六国及我国其他地区的港口对接，已初步建成一个现代化的国际枢纽港群，为构建泛北部湾海洋经济示范区催生出的巨大的物流、人流提供海运保障。

三、中国沿海一极

2013年11月，党的十八届三中全会通过《中共中央关于全面深化改革若干重大问题的决定》，明确要求"加快同周边国家和区域基础设施互联互通建设，推进丝绸之路经济带、海上丝绸之路建设，形成全方位开放新格局"。21世纪海上丝绸之路是"一带一路"的重要组成部分。

21世纪海上丝绸之路建设将推动我国沿海城市和港口的发展，而作为龙头的沿海城市和港口也将为21世纪海上丝绸之路的延伸发挥更重要的作用。回顾中国的改革开放，从1984年5月国务院首批沿海开放城市（天津、上海、大连、秦皇岛、烟台、青岛、连云港、南通、宁波、温州、福州、广州、湛江和北海）设立国家级经济技术开发区，到相继开放部分沿边、沿江和内陆省会城市，形成了一批对外开放区域，基本上形成了"经济特区—沿海开放城市—沿海经济开放区—沿江和内陆开放城市—沿边开放城市"这样一个宽领域、多层次、有重点、点面结合的对外开放新格局。这些沿海开放城市，从地理位置、自然资源到经济基础以及技术管理水平等，都具有良好的条件和巨大的优势。改革开放40年以来，我国沿海开放城市已经扩展到54个（未统计香港、澳门、台湾和三沙市），凭借着沿海地区独特的区位优势和港口资源，逐步形成了以环渤海、长三角、珠三角三大区域为主，辽宁沿海经济带、山东蓝色经济区、河北沿海地区、海峡两岸经济区、广西北部湾经济区等沿海区域共同开发的格局，引领着中国由落后国家走向强国的复兴之路。

我国沿海海湾众多，类型多样，《中国海湾志》收录的海湾约有109个，其中较为重要的有渤海湾、辽东湾、莱州湾、杭州湾和北部湾等。从地理位置上看，渤海湾、辽东湾、莱州湾位于中国东北部，杭州湾位于中国中东部，北部湾位于中国西南部，各海湾地域环境和气候环境差异较大。由于海洋地理构成、自然资源赋存、科学技术条件、社会经济条件、历史发展基础等的不同，各海湾地区的海洋经济发展水平存在差异。从海洋地理和自然资源上看，渤海湾是中国三大海湾之一，其位于渤海西部，三面环陆，与河北、天津、山东的陆岸相邻，大陆性季风气候显著，冬寒夏热，四季分明，流入海湾的主要河流有黄河、海河、蓟运河和滦河。渤海湾为陆上黄骅含油拗陷的自然延伸地带，生油拗陷面积大，第三系沉积厚，是中国油气资源较丰富的海域之一。辽东湾位于渤海北部，是中国纬度最高的海湾，也是中国三大海湾之一，其气候主要受西北季风影响，是中国边海水温最低、冰情最严重的地方。

辽东湾潮水为半日潮，海湾海岸线长，滩涂宽广，渔业捕捞、苇草种植、盐业等较发达。莱州湾位于渤海南部、山东半岛北部，黄河由此入海。由于黄河泥沙的大量携入，海底堆积迅速，浅滩变宽，海水渐浅，湾口距离不断缩短，同时，河流携带的有机物质丰富，使其盛产蟹、蛤、毛虾及海盐等，成为我国重要的渔业和海盐生产区。杭州湾位于浙江省东北部，处于北亚热带南缘，属季风性气候，冬夏稍长，春秋略短。长江来沙对杭州湾的形成起着重要作用，其沿岸深槽发育，滩地宽广。杭州湾湾底的地貌形态和海湾的喇叭形特征，使这里常出现涌潮或暴涨潮，是中国沿海潮差最大的海湾。北部湾位于广西南部，其三面被陆地环抱，海底较平坦，蕴藏丰富的石油和天然气资源。北部湾气候主要受海洋气候影响，湿热多雨，是中国最靠南的海湾。从历史发展、科学技术条件上看，渤海湾、辽东湾、莱州湾同属环渤海经济区范围内，紧靠京津冀地区，工业基础好，科技人才优越。环渤海经济区拥有40多个港口，构成了中国最密集的港口群，这种独特的地缘优势，为环渤海区域经济的发展及国内外多领域经济合作的开展提供了有利的环境和条件。杭州湾属长三角经济圈，地处上海、宁波、杭州、苏州等大都市的几何中心，是宁波接轨大上海、融入长三角经济圈的门户地区，拥有现代化江海港口群、机场群和高速公路网，区位条件优越，竞争力强，发展前景好，是中国城镇化基础最好的地区之一。而由于中华人民共和国成立后相当一段时期内受政治、军事因素的影响，广西北部湾地区对外经济通道的正常发展受到制约，区位优势没有得到充分发挥，区域经济发展长期滞后。渤海湾、辽东湾、莱州湾、杭州湾作为我国发展得较为成熟和发达的经济区，它们都具备以下条件：一是有优越的区位条件，都位于主要出海口，港口布局良好，拥有狭长的海岸线与广阔的经济腹地，基础设施完善，并形成枢纽港与支线港遥相呼应的港口城市群和发达的交通网络；二是第三产业突出，金融支撑显著，高科技产业水平高；三是区域创新体系完善，科研、学校、企业等体系健全，拥有宜居宜业的区域环境。

随着国际形势变化和国家战略转移，北部湾经济圈成为近十年新兴发展起来面对东南亚及东盟国家的经济圈。相比较来说，北部湾区位条件也较为优越，是我国西南地区最便捷的出海通道，是泛北部湾经济区建设的核心区域，与泛珠三角地区的香港毗邻，与台湾主要港口保持航线联系，是我国连通东盟、南亚、西亚以及欧洲、北非的重要通道，是开展国家海洋战略的重要门户。但总体上看，广西北部湾金融业发展不足，高新科技、创新产业水平不高，交通基础设施还在不断完善阶段，这些因素制约了北部湾经济圈的发展。随着国家"一带一路"倡议的推进和国际合作的不断加强，广西北部湾经济区将立足北部湾、服务"三南"（西南、华南和中南）、沟通东中西、面向东南亚，充分发挥连接多区域的重要通道、交流桥梁和合作平台作用，以开放合作促开发建设，努力建成中国-东盟开放合作的物流基地、商贸基地、加工制造基地和信息交流中心。北部湾经济区的发展目标是经过10～15年的努力，建设成为我国沿海重要的经济增长区域，在西部地区率先实现全面建成小康社会，成为沿海经济发展的新一极。

四、八桂海丝门户

广西北部湾经济区是国家重点建设的国际区域经济合作区，由南宁市、北海市、钦州市、防城港市、玉林市、崇左市所辖行政区域组成，陆地占地面积4.25万平方千米，人口2000多万人。2008年1月16日，国家批准实施《广西北部湾经济区发展规划》，规划中提出要把广西北部湾经济区建设成为中国-东盟开放合作的物流基地、商贸基地、加工制造基地和信息交流中心，成为带动、支撑西部大开发的战略高地和开放度高、辐射力强、经济繁荣、社会和谐、生态良好的重要国际区域经济合作区，这是全国第一个国际区域经济合作区。2017年4月19日，习近平总书记在铁山港公用码头考察时强调，要写好海上丝绸之路新篇章，港口建设和港口经济很重要，一定要把北部湾港口建设好、管理好、运营好，以一流的设施、一流的技术、一流的管理、一流的服务，为广西的发展、为"一带一路"建设、为扩大开放合作多做贡献。千年潮未落，风起再扬帆。站在历史新的起点，放眼未来，北部湾沿海港口城市更要充分发挥区位优势和资源优势，通过互联互通、港口城市合作以及海洋经济合作，担负起串联亚洲、非洲、欧洲乃至全世界的使命，成为海上丝绸之路的新门户和新枢纽，续写海上丝绸之路新的辉煌。

（一）宜居城市——南宁

南宁市（图2-1）位于广西南部，是广西壮族自治区的首府，是广西政治、经济、交通、科学、教育、文化、卫生、金融和信息中心，是中国面向东盟开放合作的前沿城市以及中国-东盟博览会永久举办地。南宁是一座历史悠久的文化古城，古属百越之地。东晋大兴元年（318

图2-1　绿城南宁

年），建晋兴郡，为郡治所在地，南宁建制从此开始，历经1700年春秋变换。唐朝贞观年间，更名邕州，设邕州都督府，南宁的简称"邕"由此而来。南宁地处亚热带，位于北回归线以南，得天独厚的自然条件，使南宁满城皆绿，四季常青，有"绿城"的美誉。

南宁市面向东南亚，背靠大西南，东邻粤港澳，南临北部湾，西接中南半岛，处于泛北部湾、泛珠三角和大西南三个经济圈的结合部，是大西南出海通道的枢纽城市、中国与东盟合作的前沿城市，具有明显的区位优势。南宁市已建成较为完善的公路、铁路、民航、水路立体交通网络。南宁市距出海港口钦州港104千米、防城港172千米、北海港204千米，距中越边境重镇友谊关210千米。广西一半以上地级市已纳入以南宁市为中心的"两小时经济圈"，连通周边省市的高速公路网也基本形成。铁路方面，湘桂线、南昆线、黎湛线、南凭线、南钦线、南广线等多条铁路在南宁交汇，与正在修建的泛亚铁路联网，可直通越南、泰国、新加坡等东盟国家，是沟通中国与东盟国家的铁路枢纽。南宁市有广西大学、广西民族大学等众多区内重点院校，吸引和拥有着大

量的科技创新人才，为南宁市构建具有区域国际竞争力的人才高地，以人才驱动助推高新技术产业提升提供了条件。

改革开放以来，南宁市区及周边重点开发区依靠区位优势，发挥首府中心城市作用，重点发展高技术产业、加工制造业、商贸业和金融、会展、物流等现代服务业，建设保税中心，成为中国与东盟合作的区域性国际城市、综合交通枢纽和信息交流中心。近五年来，南宁市主动融入国家对外开放和区域发展战略，积极参与"一带一路"倡议、中国-东盟自贸区升级版、珠江-西江经济带的开发建设，区域影响力和城市国际化程度不断提高。成功服务第八届至第十二届中国-东盟博览会、中国-东盟商务与投资峰会，国际会展中心改扩建工程顺利推进，在南宁市设立总领事馆的东盟国家达到六个，一批涉及中国与东盟各领域交流合作的论坛落户南宁市，中国-东盟信息港南宁核心基地等合作新平台加快建设。成功承办中越青年大联欢、第四十五届世界体操锦标赛等重大活动，国际友城增至二十个，对外交往不断拓展。与粤、港、澳、台的合作进一步深化，北部湾经济区同城化迈出重大步伐。南宁保税物流中心成功升级为综合保税区，全市外贸进出口总额年均增长21.54%，开放型经济日益活跃。

面对未来，南宁市将积极对接国家"一带一路"倡议，全方位推进与周边区域和国家的互联互通，打造区域性国际综合交通枢纽中心，深入推进北部湾经济区同城化，发挥首府金融、市场、技术、人才和信息等优势，为打造北部湾经济区升级版提供更强有力的要素支撑，深化与东盟各国及其他国家、地区的合作交流，使南宁市成为中外企业拓展东盟市场的重要枢纽。

（二）南国珠城——北海

北海市位于广西壮族自治区南端，东邻广东省，南与海南省隔海相望。北海开放历史悠久，文化底蕴深厚，人口约174.3万人，是古代海上丝绸之路的重要始发港,是国家历史文化名城、广西北部湾经济区重要组成城市。北海市的海岸线总长668.98千米(其中大陆海岸线长528.17千米,岛屿海岸线长140.81千米),占广西海岸线长度的31.36%。北海市辖区内以及涠洲岛、斜阳岛周边毗邻的海域面积约2万平方千米,拥有约500平方千米的滩涂,类型有沙滩、淤泥滩、岩石滩、红树林滩、珊瑚礁滩等。北海银滩的海域海水纯净,陆岸植被丰富,环境优雅宁静,空气格外清新,是中国南方最理想的滨海浴场和海上运动场所(图2-2)。

北海市区位优势突出,地处华南经济圈、西南经济圈和东盟经济圈的结合部,处于泛北部湾经济合作区域结合部的中心位置,是中国西部地区唯一列入全国首批14个对外开放沿海城市的城市,也是中国西部唯一同时拥有深水海港、全天候机场、高速铁路和高速公路的城市。北海市拥有丰富的港口、渔业、旅游、滩涂、海岛、海洋能源、海洋矿产等资源,组合优势明显,建港条件优越。涠洲岛附近海域油气资源储量达12.6亿吨。北海市还是全国三大石英砂产地之一,石英纯度高、品质优、矿量大,探明储量约2000万吨。根据北海市政府"十三五"发展规划,北海市将进一步大力发展海洋经济。

2017年4月19日,习近平总书记在北海市首次提出"打造好向海经济",让北海这个古老的海上丝绸之路始发港萌生新的生机与希望。北海市顺势而动,出台《向海经济行动方案》,向海要资源、向海要财富、向海要发展。北海市将充分发挥区位、资源、产业及文化优势,推进海洋生态、海洋科技、海洋产业升级,发展海洋新兴产业。加快城市开发建设,搭起"向海城市"大框架,以扩大开放北海港口岸为契机,实施更加积极主动的开放带动战略,建立和用好对外交流合作平台,全面深化与"一带一路"参与城市及国家的合作,重点推动与越南、柬埔寨、印度尼西亚、泰国等东盟国家在旅游、文化、产业等方面合作率先取得突破,共同推进"一带一路"倡议。

图2-2　北海银滩

（三）海豚之乡——钦州

钦州市位于北部湾经济区的中心位置，是西南地区最便捷的出海通道。钦州市具有亚热带向热带过渡性质的海洋季风气候特点，地形由西北向东南依次为山地、丘陵、台地平原、沿海滩涂，主要山脉呈东北—西南走向，横贯钦州境内。

钦州，古称安州。钦州属百越之地，秦始皇统一中国后，钦州属秦设象郡所辖；从汉朝、三国一直至晋代，钦州属交州合浦郡所辖，于南朝末元嘉年间第一次建制，称为末寿郡；隋开皇十八年（598年）易名为钦州，取"钦顺之义"，此为钦州的最早得名，之后一直沿用此名。

钦州湾是北部湾的一部分，位于鱼产富饶的北部湾的最北部。广义的钦州湾，东起合浦县的英罗港，西至防城港市的北仑河口，海岸线长1478千米。钦州湾海洋资源十分丰富，海域内阳光充足，水温适宜，浮游生物较多，适合各种鱼类和其他海洋生物的繁殖与生长。此外，钦州湾还是有名的"海豚之乡"（图2-3）。

作为海上丝绸之路的重要节点城市和广西北部湾沿海地域中心，钦州市面临着新的历史发展机遇。近年来，钦州市不断提升海洋综合管理水平，持续加大海洋经济建设力度。2015年，钦州市海洋生产总值达405亿元，海洋工程建筑业、滨海旅游业、海洋渔业、海洋交通运输业成为了钦州市的支柱产业。同时，钦州市大力提升海洋开放合作水平，以中国-马来西亚钦州产业园区、钦州保税港区、整车进口口岸、国家级钦州港经济技术开发区等为重要平台，积极推进中国-东盟港口物流信息中心、中国-东盟港口城市合作网络、海上搜救中心、水上训练基地、海洋气象监测预警基地、港航金融结算中心、钦州海事数字化审判法庭等配套项目建设，全方位深化与东盟国家的海洋合作，对外开放政策先行先试成效显著。

钦州市"十三五"规划纲要明确提出大力发展海洋经济，打造全国海洋强市示范市的目标。钦州市将加快建设与"一带一路"有机衔接的

图2-3 钦州湾海豚

重要门户港、区域性国际航运中心、区域性国际合作新高地，不断深化与东盟国家的海洋产业合作，积极参与中国-东盟海上合作试验区、中国-东盟海洋经济示范区建设，不断推进钦州市向海发展。

（四）白鹭之乡——防城港

防城港市地处广西壮族自治区南部，位于中国大陆海岸线的西南端、北回归线以南，北接南宁市的邕宁区和崇左市的扶绥县，东与钦州市毗邻，西与宁明县接壤，南濒北部湾，西南与越南交界。防城港市是北部湾畔唯一的全海景生态海湾城市，被誉为"西南门户，边陲明珠"，是中国氧都、中国金花茶之乡、中国白鹭之乡（图2-4）、中国长寿之乡、广西第二大侨乡。防城港市就其历史而言是从防城、上思两县演变而来的，隋、唐以前一直为钦州辖地。宋时仍隶属钦州管辖，并开始有"防城"之称。元、明、清时隶属钦州或廉州。至清朝光绪十四年（1888年）划出钦州西部设置防城县，隶属广东省。防城港市依港而

图2-4　防城港白鹭

建，因港得名，先建港，后建市。防城港始建于1968年3月，当时作为援越抗美海上隐蔽运输航线的主要起运港来建设，被称为"海上胡志明小道"的起点。1993年5月23日，国务院批准撤销防城各族自治县和防城港区，设立防城港市（地级）。

防城港市管辖海域面积近1万平方千米，大陆海岸线长537.64千米，占广西大陆海岸线的三分之一。其海岸线东起防城区的茅岭乡（中间隔钦州龙门岛），经港口区的企沙、光坡两镇，防城区的防城镇、江山乡，东兴市的江平镇，西至东兴市东兴镇北仑河口止。防城港市岛屿海岸线长166.1千米，主要分布在港口区的光坡、企沙两镇。防城港市是中国唯一与东盟国家海、陆、河相连的门户城市，地处华南经济圈、西南经济圈与东盟经济圈的结合部，是中国内陆腹地进入东盟最便捷的主门户、大通道。其与越南最大特区芒街仅一河之隔，拥有四个国家级口岸，其中东兴口岸是我国陆路边境第一大口岸，也是沿海主要出入境口岸之一。此外，防城港市还拥有西部第一大港——防城港，港口货物吞吐量超亿吨，是中国重要的铁矿石、建材及煤炭等物资的中转基地，已开通至新加坡、釜山、东京的多条国际集装箱航线，与80多个国家和地区的220多个港口通航。2016年防城港市外贸进出口总额达到587.8亿元，同比增长10%，边境贸易成交额287.9亿元，同比增长23.4%。

当前，防城港市正按照党中央"五位一体"总体布局和"四个全面"战略布局，围绕广西壮族自治区"三大定位""四大战略""三大攻坚战"的部署，以建设边海经济带为主线，加快推进东兴试验区、跨境经济合作区、沿边金融综合改革试验区、开放型经济新体制综合试点试验地区建设，努力构建面向国内外的开放合作新格局，加快建设成为美丽海湾城市、最具幸福感城市、边海文化名市、生态文明城市。

第三章　广西北部湾的自然条件

广西北部湾地区位于中国沿海西南端，南部濒临北部湾，拥有广西全部的海岸线，是整个广西的海陆过渡带，地理位置为北纬20°26′～24°02′，东经106°33′～110°53′。北部湾地区土地面积72703平方千米，占广西土地总面积的30.60%，浅海海域面积约6488平方千米，滩涂面积1005平方千米，海水可养殖面积614平方千米；拥有大陆海岸线1595千米，岛屿海岸线604.5千米。广西北部湾地区平均海拔为523米，有海洋、滩涂、湿地、滨海平原、丘陵、台地、山地、河流、盆地等生态系统。

一、气候特征

广西北部湾地区由于地势低平，起伏较小，深受海洋暖湿气流影响，冬季盛行东北风，夏季盛行南风和西南风，属于南亚热带季风型海洋性气候，具有季风明显、海洋性强、气候暖热、湿润多雨、干湿分明等特点。由于受海洋影响较大，夏秋季节台风尤为频繁。

（一）气温

广西北部湾地区气温的水平分布特点为南暖北冷，东高西低。

沿海各地年平均气温为21.1～24.2℃。南宁市年平均气温略低，为21～22℃，冬季最冷的1月平均气温为12.8℃，夏季最热的7月和8月平均气温为28.2℃。北海市年平均气温较高，达22.9℃，冬季最冷的1月平均气温为14.3℃，夏季最热的7月平均气温为28.7℃。防城港市年平均气温为22.5℃，最冷月为1月，平均气温为14.7℃；最热月为7月，平均气温为29.0℃。钦州市年平均气温为21.4～22℃，最冷月为1月，平均气温为13.4℃；最热月为7月，平均气温为28.4℃。

（二）降水量

广西北部湾地区降水量的分布特点是西部大于东部，陆地多于海面，降水丰富，干湿季明显，年平均降水量达1304.2～1600毫米，但降水季节分配不均匀，主要集中在夏季。夏季雨量大，降水最丰富，占全年降水量的75%以上；冬季盛行东北季风，降水量少，雨日少，蒸发量大，为旱季。这种雨热同季的特点，使水分和热量在农作物生长期间得以充分利用，有利于产量的提高。但是北部湾地区降水时空分布不均匀、地区差异大，降水最多的年份降水量达到1800毫米以上，最少的年份降水量不到900毫米。南部沿海地区、北部、西南部的低山区以及南部的高丘陵地区年平均降水量在1350毫米以上，而中部的低谷平原区和低丘陵区降水较少，年平均降水量在1350毫米以下。

北海市降水量较为丰沛，年平均降水量为1663.7毫米，每年5～9月为雨季，降水量占全年降水量的78.7%，10月至翌年4月为旱季，降水量较少，为全年降水量的21.3%。防城港市年平均降水量为2102.2毫米，降水集中在6～8月，降水量占全年平均降水量的71%。受地形影响，位于十万大山南面迎风坡的防城港市，降水量异常丰富，其中那勤乡、那梭镇、马路镇、滩散村一带年降水量超过3000毫米；而北面背风坡的上思和宁明两县，年降水量只达到那梭镇年降水量的30%。

（三）风况

广西北部湾地区的风向分布具有典型的季风特征。夏季盛行偏南风，冬季多吹偏北风。4月和9月为冬夏季风交替期。4月由冬季风转为夏季风，盛行风由偏北向偏南过渡；9月由夏季风转为冬季风，盛行风由偏南逐渐转为偏北。一般来说，10月至翌年3月以偏北风居多，4~9月以偏南风为主。

（四）日照

广西北部湾地区的年日照时数为1560~2132小时，太阳辐射量为370~460千焦/厘米²。南部低纬度地区日照时数比北部（南宁市）长，年日照时数均达1900~2100小时。

二、气象灾害

广西北部湾地区受季风环流影响，降水集中在夏季高温时期，雨热同季，雨季、旱季分明，使干旱与洪涝灾害发生的频率增大。季风气候的一个主要特点是冬夏温差大，冬季气温较低。部分年份在冬季寒潮、强冷空气入侵时，会出现大范围的霜冻天气，造成较重的寒冻灾害。由于受季风环流影响，加上特定的地理位置和地形地貌，影响北部湾地区的天气系统众多，既受西风带天气系统，如冷高压、冷锋、静止锋、高空槽、切变线等影响，又受东风带天气系统，如热带气旋、热带辐合带、东风波等影响；既受大尺度天气系统，如副热带高压、西南热低压、低空急流等影响，又受中小尺度天气系统，如雷暴、飑线、热带云团、龙卷风等影响，使北部湾地区气候变化多样，气象灾害频繁。

（一）洪涝灾害

从广西水旱灾情多年统计数据来看，暴雨是导致北部湾地区洪涝灾害的主要原因。每到汛期，特别是涝年，北部湾地区的强降水天气常常造成山洪暴发、河水上涨，冲毁农田、住房、公共设施等，引发山体滑坡、泥石流等次生灾害，给人民的生命和财产造成巨大损失。

广西北部湾地区洪涝灾害分布不均，多分布在上思县、钦州市、玉林市、博白县、浦北县和上林县等地区。玉林市、博白县、浦北县降水丰富、河网密集，是北部湾地区洪涝灾害最易发生的区域。其中，玉林市年平均降水量为1522毫米，平均海拔只有166米，低于广西平均海拔，渍涝灾害严重。玉林市河网密度达0.328%，是北部湾地区河网密度最高的区域。每当强降水天气发生，河水上涨，超过一定警戒水位时就会引起河流洪水。钦州市受热带气旋和海洋气团的影响，年平均降水量偏高，且平均海拔只有50米，洪涝灾害也比较严重。上思县位于北部湾地区北部，平均海拔为274米，但地形起伏大，地形标准差238米，为北部湾地区最高。年平均降水量为1701毫米，且降水多集中于夏季。由于降水强度大，降水量集中，地形起伏，导致上思县常有山洪灾害发生。西部的崇左市、大新县、凭祥市等地年平均降水量较少，地形起伏不大，河网分布较少，是北部湾地区洪涝灾害发生较少的区域。

（二）干旱灾害

广西北部湾地区降水年际变化大，中华人民共和国成立以来，几乎年年有干旱灾害的发生，且受灾影响范围越来越大。

因降水分布不均导致北部湾地区的干旱灾害分布存在差异。玉林市、钦州市是北部湾地区降水量较大且地表水资源丰富的区域，但两市对水资源调节能力差，因此也是北部湾地区干旱灾害最为严重的区域。

沿海的北海市和防城港市受热带气旋和海洋气候影响降水量丰富，干旱灾害较少发生。

（三）热带气旋灾害

从多年情况来看，每年4～12月都有热带气旋影响广西，影响集中期是7～9月。热带气旋所经之地，往往会出现狂风暴雨，造成风灾和洪涝灾害。例如，2001年7月，由第3号及第4号热带气旋引发的暴雨导致左江、右江、邕江、郁江、浔江江水暴涨，洪水泛滥。百色市遭遇了百年不遇的洪涝，南宁市发生了1913年以来最大的洪涝，贵港市出现了有水文记录以来最大的洪涝，广西因灾死亡24人，直接经济损失159.03亿元以上，其中南宁市损失12亿元。

广西北部湾地区热带气旋灾害分布情况为沿海高于内陆，低海拔地区高于高海拔地区。沿海三市（北海市、防城港市、钦州市）为热带气旋灾害频繁发生的高危地区，而北部湾地区北部的马山县、上林县和隆安县由于远离海洋且海拔较高、地形起伏大，受热带气旋影响较小。

（四）寒冻害

广西北部湾地区水热资源丰富，具有发展热带、亚热带作物的优越气候条件，但是冬季寒潮入侵所带来的低温常给农业生产造成不同程度的损失。当强冷空气入侵时，北部湾地区的平均气温为-2～-1℃，极端最低气温达-5～-2℃，大部分区域可出现霜冻或冰冻天气，给蔬菜和热带、亚热带水果种植及水产养殖等造成灾难性后果。北部湾地区北部的一些区域受寒冻害影响较大，而南部特别是沿海区域属于亚热带海洋气候，常年气温在0℃以上，只有受到极端气流影响严重时才会遭受寒冻害。

（五）强对流天气

强对流天气，如冰雹、大风、雷暴、龙卷风等，也是北部湾地区的主要气象灾害之一，其中以冰雹、大风和雷暴对工农业生产、交通、通信、电力设施及人民生命财产造成的危害较大。

广西北部湾地区冰雹的分布特点是西部多于东部，山区多于平原。北部湾地区的西北部是广西的多雹区域。冰雹主要出现在2～5月，这四个月降雹日数占全年降雹总日数的90%以上，其中又以3月和4月最多，分别占全年的32.4%和34.6%。

北部湾地区每年都受到大风袭击，大风日数最多的地方是涠洲岛，平均每年有31天，其余大部分地区平均每年有1～9天。夏季大风日数占全年的42%，春季占30%，秋季占16%，冬季占12%。

广西是我国雷暴日数最多的省区之一，尤其在4～9月雷暴活动最频繁。广西各地的雷暴日数有明显的地域性分布特征，主要是南部多，北部少。地处十万大山南坡的东兴市年雷暴日数多达105天，是广西雷暴最多的地方。

三、土壤条件

广西北部湾地区土壤类型较多，主要有赤红壤、砖红壤、水稻土、新积土、石灰（岩）土、紫色土、潮土、粗骨土、火山灰土等，其中以赤红壤分布最为广泛。

广西北部湾海岸带的典型土壤主要是砖红壤、酸性盐渍水稻土及潜育性水稻土等，普遍具有瘦、沙、咸、酸等特点。

（一）砖红壤

在高温（年平均气温22～23℃、≥10℃年积温8000～8200℃）、多雨（年降水量1600～2800毫米）的环境下，土壤必然出现铁、铝高度富集的情况，而钙、镁、钾的大量迁移淋溶，是土壤砖红壤化的必然条件。在广西北部湾海岸带各类型土壤中，砖红壤的面积共有2093.8平方千米，占海岸带土壤总面积的48.75%。砖红壤十分适宜种植水果、橡胶、剑麻、香料及林副产品。

（二）酸性盐渍水稻土

沿海岸带洪水的侵袭及海潮的顶托对三角洲地带及沿海较低地方含盐（氯化物盐类）土壤的产生具有决定性的作用。在海边，原有的潮滩红树林被砍伐毁坏之后，当地人围海造田，筑堤防止海潮涌入，这类田地需经过一段时间的雨水冲刷或引用内陆淡水洗去土壤中部分盐（氯化物）后才可用于种植水稻。但是，由于红树林土壤残余有机体含有较多的硫（红树有机体含硫量为0.33%～0.77%），致使这些残余有机体在腐烂分解后析出大量的二价硫，这些含硫物质在土壤中累积和氧化，成为具有强酸性的硫酸，由此产生酸性盐渍水稻土。该类土壤广泛分布于沿海围田和三角洲地带。在广西北部湾海岸带中酸性盐渍水稻土的面积共有266.7平方千米。酸性盐渍水稻土在晒田或秋冬季节时，田间常出现"黄硝"，主要是因为在缺水干旱时，土壤中的硫化物盐类随毛细管水上升，使土壤含盐量达到0.1%～0.3%。

（三）潜育性水稻土

潜育性水稻土主要分布于广西北部湾海岸带东部的合浦、北海台地中地势较低洼的地带，原属古沼泽，经过长期的开发利用后成为水稻田，当地群众称其为坡塘田，意思是说田的上侧为坡，低地易渍水为塘。这种土壤的特点是表层为黑色泥炭，松散细碎，故当地群众又称其为黑散泥。在碳质层之下为漂洗后的灰白土层，属古沼泽遗留下来的产物。改良潜育性水稻土的主要措施是水旱轮作、增施有机肥料及平衡营养施肥。潜育性水稻土大部分土质松散，适宜种植花生、大豆、薯类及麻类等旱作作物，产量较高。目前北部湾地区的潜育性水稻土以种植水稻为主，虽然其有机质含量很高，但大半已经炭化，因此品质差，仍需要增施有机肥料，补充有机物质。潜育性水稻土土壤营养亏缺严重，氮、磷、钾、钙、硼、锰、铜等含量偏低。

四、植被条件

广西北部湾地区主要自然植被类型有亚热带针叶林，亚热带常绿、落叶阔叶混交林，亚热带常绿阔叶林，热带雨林，热带季雨林，亚热带、热带竹林及竹丛，亚热带、热带常绿阔叶灌丛，落叶阔叶灌丛，热带旱生常绿肉质多刺灌丛，亚热带、热带草丛，亚热带、热带沼泽，热带红树林。其中以亚热带针叶林分布范围最广，主要有马尾松林、杉木林和湿地松林。热带雨林主要分布在十万大山、六万大山南麓山谷地带。热带红树林主要分布在铁山港、廉州湾、大风江口、钦州湾、北仑河口、防城港东湾和西湾等海湾，常见的红树林植物种类有白骨壤、桐花树、秋茄、红海榄、木榄、海漆、老鼠簕、榄李、海杧果等。

北部湾地区植被分布的东西差异较大。东部丘陵区以马尾松、岗松、桃金娘、鹧鸪草（或铁芒萁）群落为主；台地平原区土层较深厚，在稀疏的人工桉树林下，以鹧鸪草、蜈蚣草、鼠尾草等为主。西部气候潮湿，可见到含有较多篱竹的次生竹丛和苦竹林，常见的还有金花茶。

在局部沟谷中少量分布着风吹楠、华坡垒等喜湿热的阔叶树，以及八角和肉桂经济林；丘陵上多种植菠萝、茶、橡胶、柑、橙等。

近年来，北部湾地区植被资源变化明显。在滨海5千米以内的陆地区域，人工桉树经济林种植规模很大，除西部岸段外，其他岸段的马尾松疏林均被桉树林取代；原大面积分布的茳芏、短叶茳芏等沼生植被现仅少量零散分布；南亚松林、常绿季雨林基本存在，但数量已有所减少；原少量零散分布的以仙人掌和鬣刺为主的典型热带性群落和以厚皮树为主的热带落叶林近乎消失。

五、渔业资源

广西北部湾浅海渔业资源相当丰富。浅海经济鱼虾资源中，最重要的是虾类、鱼类、珍珠、青蟹、海参等。

（一）虾类

广西北部湾浅海是虾类洄游、栖息和繁殖的场所，特别是铁山港、龙门港镇和大风江口至三娘湾一带，是广西北部湾沿海三大对虾繁殖场。广西北部湾虾类资源总量约8000吨，主要种类有须赤虾、刀额新对虾、短沟对虾、巴页岛赤虾、长足鹰对虾、日本对虾、长毛对虾、墨吉对虾、中型新对虾、近缘新对虾等。对虾常栖息于河口浅滩沙泥底质的海区，适宜的海水比重为1.006～1.025。它们白天在沙中潜伏，夜间出来觅食，所以捕虾生产常在夜间进行。对虾的繁殖期一般为4～6月，5月为最盛期。对虾喜欢集群，秋季时有趋光性，故可进行灯光诱捕。

广西北部湾捕虾生产以底拖网为主，每年投入捕虾的渔船有1000多艘，其中广东和港澳流动渔船有400多艘。虾是一年生动物，资源交换恢复较快，可捕量占虾类资源总量的70%，即5600吨。但自1985年起，广西海虾捕捞量实际已达到6000吨，已捕捞过度。

（二）鱼类

广西北部湾浅海经济鱼类有蓝圆鲹、二长棘鲷、蛇鲻、断斑石鲈、真鲷、马鲛、青鳞、鳓鱼、海鳗、金色小沙丁鱼、脂眼鲱、鲐鱼、水公鱼、海鲶鱼等30多种。广西北部湾浅海是多种经济鱼类洄游、栖息和繁殖的场所，鱼类天然产卵场可分为东、西两海区。东海区的鱼类天然产卵场位于北海市至涠洲岛之间的浅海，是二长棘鲷的主要产卵场之一。每年从11月开始，二长棘鲷从深海向该海域进行生殖洄游，12月开始产卵，翌年1～2月幼鱼出现，3～4月鱼苗大量出现，5月底至6月开始退出该海区。由于无度滥捕，北部湾的二长棘鲷资源量曾一度下降，如北海市1975年收购二长棘鲷8072吨，占全市渔货收购量的14.9%，到1981年，北海市收购二长棘鲷的收购量只占全市渔货收购量的0.7%。为了保护资源，北海市人民政府已划定该海区为二长棘鲷幼鱼保护区，规定每年12月15日至翌年5月20日，禁止拖网渔船及拖虾渔船进入生产。北海市白虎头附近浅海是鱿鱼的产卵场所，每年春汛时，大批鱿鱼到此洄游、繁殖，形成钓鱿鱼旺季。西海区的防城港、珍珠港附近，是二长棘鲷的另一产卵场，也是蓝圆鲹、真鲷、红鱼、断斑石鲈、鸡笼鲳、金色小沙丁鱼、脂眼鲱等经济鱼类的集中产卵场。西海区沿岸还是墨鱼洄游、索饵和繁殖的场所。龙门江口附近是海鲶鱼重要的洄游产卵场所，年产量约500吨。

（三）珍珠

广西北部湾浅海盛产珍珠贝，其中以马氏珠贝为主，其适宜水温为

13～30℃，13℃以下为危险温度，低于8℃会导致其死亡。马氏珠贝有两个产地，一个在北海市合浦县营盘附近海区，另一个为防城港市的珍珠港。在营盘附近有著名的七大天然珠池（杨梅、珠砂、乌泥、青樱、白龙、断网、平江），珠池周围高中间低，底质为泥沙，水深7～8米，水清见底，平均水温为24℃，平均盐度为27.9‰，这些环境条件最适宜珠贝的生长繁殖。

合浦采珠已有1700多年的历史，元朝开始便有"纳贡南珠"的记载。明弘治十二年（1499年）出动了100艘船只，劳役千余人，采珠28000两（875千克），大者100颗计重1千克。民国五年（1916年），合浦沿海尚有珠船200余艘，珠户千余人。由于历代无度的捕捞，合浦珠贝资源遭受严重破坏，在20世纪70年代末期，已很难捕捞到天然珠贝了。广西从1958年开始进行珍珠贝的养殖，1962年人工插核成功，1965年马氏珠贝人工育苗成功，1966年取得第一代人工养殖珍珠。

（四）青蟹

青蟹属于热带、亚热带甲壳动物，在广西、广东沿海各地均有分布，各河口内湾分布数量较多，如茅尾海、铁山港、防城港、珍珠港、大风江口等岸边浅海均有出产。青蟹生长适盐范围为5‰～32‰，最适盐度为15‰～28‰，适宜的海水比重为1.010～1.020，喜欢栖息在泥穴或泥沙质海底，常白天潜伏，夜间活动。青蟹繁殖期为每年2～10月，盛期为3～4月。钦州湾是广西沿海主要的青蟹产地，青蟹产量约占广西青蟹总产量的70%。近年来由于滥捕，青蟹资源衰退，产量下降。

（五）海参

广西北部湾浅海盛产花刺参、明玉参（俗称白参）、玉足参三种食用海参，其中花刺参是三种食用海参中经济价值最高的一种，主要分布于涠洲岛和斜阳岛近岸浅海，资源面积约147万平方米。花刺参生长适宜温度为16～30℃，适宜盐度为22‰～32‰，繁殖期为4～7月，生活在水深2～5米的海藻丛生、潮流畅通的岩礁海区，昼伏夜出。

六、河流资源

广西北部湾海陆交错带河流较多，主要河流水量充足，落差大，水力资源丰富。独流入海水系流域总面积为22312平方千米，占广西土地总面积的9.4%，多年平均径流深1086毫米，年平均径流量262亿立方米，占广西径流总量的13.9%。其中，流域面积大于50平方千米的河流有123条。这些河流从陆地携带大量的物质流入海洋，是三角洲和滩涂形成的重要物质基础。南流江、钦江入海形成了广阔的三角洲冲积平原，河网发育良好，水稻土肥沃，是稻田的主要分布区。东兴北仑河入海一带形成的海积平原，也是水稻的重要产地之一。

（一）郁江

郁江是中国珠江水系西江干流上最大的支流，是西江黔江段和浔江段的分界点，位于广西南部。它有两个发源地，北源是右江，为正源，发源于云南省广南县境内的杨梅山；南源是左江，发源于越南境内。左江、右江在南宁市西乡塘区宋村汇合后称邕江。邕江由西向东流经南宁市区，到达伶俐镇与横县交界处止。邕江进入横县境后称为郁江。郁江流经横县、贵港市、桂平市，在桂平市的三江口与黔江汇合为浔江。郁江长1179千米，总落差为1655米，平均坡降为1.4%，流域面积为90656平方千米，占西江水系总面积的34.5%，其中有70007平方千米在广西境内。郁江流域降水丰沛，径流丰富，年平均径流量为458.4亿立方米。干流两岸植被良好，河流含沙量小，年平均含沙量为0.197千克/米³，年平均输沙量为976万吨。水力资源较丰富，全流域理论蕴藏量为297.64万千瓦，其中可开发容量为192.43万千瓦，年发电量可达89.63亿千瓦时，已建成驮娘江、瓦村、百色、澄碧河、金鸡滩、老口、左江、西津、贵港、桂平等水电站。其中，西津水电站装机容量为23.44万千瓦，是目前郁江干流上最大的水电站。郁江沿岸有煤、磷、铁、锰、铝、锌、铜、石油等矿产资源，其中平果铝矿被列为中国九大有色金属基地之一。郁江平原是广西最大的平原，是重要的水稻、甘蔗、玉米、花生、香蕉、烟草、黄麻等作物的生产基地。沿江的龙州、百色、田东、平果、隆安、南宁、横县、贵港、桂平是广西重要的内河港口，沿程是西江水系中最繁忙的航运干线。

（二）邕江

邕江是西江一级支流郁江在南宁市区河段的别称。南宁市在唐宋时期均称邕州，简称"邕"，故境内河流得名邕江。邕江位于广西南部，在南宁市境内，起于南宁市西乡塘区宋村（左江和右江汇合点），止于伶俐镇与横县六景镇道庄村交界处，流经南宁市江南区、西乡塘、兴宁区、良庆区、邕宁区、青秀区，全长133.8千米，流域面积为6120平方千米，水面面积为26.76平方千米。邕江地处南亚热带季风湿润气候区，年平均气温为21.7～21.8℃，≥10℃积温为7000～7500℃。邕江两岸属河流冲积的阶地和台地，即南宁盆地。其北边有大明山等弧形山脉，南有十万大山，西边是西大明山，东边是丘陵地。因此，南宁盆地受季风的影响较小，年中盛行的东南季风、东北季风以及西南季风均处于背风坡，"焚风效应"致使其气温较高，降水相对较少。南宁盆地的年平均降水量为1247～1304毫米（含邕宁区），是广西的少雨中心之一。邕江支流众多，有良凤江、八尺江、新江河、青龙江、三塘江、四塘江、沙江、伶俐江、那车江、可利江、竹排冲、龙潭河等。邕江平均径流量为411.2亿立方米，年平均含沙量为0.234千克/米³，年平均输沙量为900万吨，年侵蚀模数为119吨/千米²。邕江最大水深为23米，最大流速为每秒2.8米，最大河面宽1000米，正常水位宽300～400米，大洪水涨落变幅为15～18米。每年10月至翌年4月为邕江的枯水期，5月水量增加，7～9月为汛期，10月水量开始减少。邕江河面宽敞，水流平缓，水位变化幅度不大，有利于航运。内河水上运输是南宁市交通运输的重要方式之一。邕江北岸有北大码头、上尧码头、大坑码头、陈东码头、民生码头等港口，开通了八条内河航线，120吨级的轮驳船队可常年往来于南宁与百色之间；250吨级轮驳船队可顺江东下经贵港、桂平、梧州、广州到达香港、澳门等地区。

（三）左江

左江是西江一级支流郁江的最大支流，发源于越南与中国广西交界的枯隆山。上游在越南境内称奇穷河（又叫黎溪），于凭祥市边境平而关进入中国境内后称平而河，到龙州县城与水口河汇合称左江。左江干流长91千米，流域面积为32379平方千米，其中有11593平方千米在越南境内。左江左岸的主要支流有水口河、黑水河、驮卢江、双夹江，右岸的主要支流有明江、客兰河和汪庄河等。左江多年平均天然年径流量为174.1亿立方米，丰水期（5～10月）径流量占年径流量的86.2%，其中6～9月径流量占年径流量的72.1%。左江流域是降水和径流集中度很高的地区，河床弯多滩急，平而关至龙州县城有浅滩37处，崇左江州区以下有浅滩33处。左江流域建成左江大型水电站一座，还有先锋水轮泵站，南北干渠总长59千米，设计灌溉面积21.37平方千米，完成灌溉面积最高达12.93平方千米。左江两岸山清水秀，石峰林立。其中对机山、驮角山、黄巢城、灯笼山、驮柏山、月亮山等山的悬崖上有很多岩画群，为距今2000多年前的先人所作，以花山岩画为首的左江岩画群及其控制区河道已被列入世界文化遗产名录。左江流域有世界第二大跨国瀑布德天瀑布、风景优美的明仕田园、通灵大峡谷和古龙地下河漂流、旧州古村、友谊关、边关文化遗址等旅游胜地。

（四）右江

右江是西江一级支流郁江的干流，发源于云南省广南县底好乡听弄村，流入西林县后称驮娘江，到田林县称剥隘河，至剥隘镇后称右江，经右江区、田阳县、田东县、隆安县至南宁市西郊宋村与左江汇合成为郁江。右江全长755千米，平均坡降为0.57‰，流域面积为40204平方千米，年平均径流量为172亿立方米。右江左岸的主要支流有乐里河、澄碧河、田州河、武鸣河等，右岸的主要支流有西洋江、谷拉河、福禄河、龙须河、绿水江等。右江河谷盆地属南亚热带季风气候，年平均气温为21℃，≥10℃积温为7000～7500℃，热量丰富，四季无霜，但因地势低，是季风的背风坡。"焚风效应"导致右江河谷盆地降水量偏少，年平均降水量为125毫米，是广西有名的少雨中心之一，春旱发生频率达70%～90%。右江河段建有澄碧河、百色、金鸡滩等大中型水电站，百色、澄碧河、八桃、百东、仙湖等数十处大中型水库，新州、响水、平马、河街、那读、保群、平塔、良赖、思林九个较大的电灌站。右江河谷盆地盛产粮食、蔬菜、甘蔗、杧果和香蕉，形成一条百里绿色生态长廊，是可与海南岛、西双版纳媲美的南亚热带蔬菜水果之乡，是国家无公害瓜果蔬菜基地和中国最大的杧果之乡。

（五）南流江

南流江是广西独流入海的第一大河，位于广西东南部，发源于玉林市北流市新圩镇大容山主峰梅花顶南侧东进桥村的六洋河，与凤凰村的白鸠江在新圩镇的合水口村汇合，向南流至玉林市区与另一条源于三叉水村的清湾江汇合为南流江。南流江因江水直流向东南方而得名。南流江长287千米，有流域面积在100平方千米以上的一级支流14条。南流江流域面积为8635平方千米，年平均径流量为52.42亿立方米，水资源量为156亿立方米，年平均含沙量为0.21千克/米^3，年平均输沙量为116万吨，年侵蚀模数为177吨/千米^2。南流江流域属典型的热带季风性气候，气候温暖，冬短夏长，四季均适宜农作物生长。流域内地势平坦，有玉林盆地、博白盆地和南流江三角洲，土地肥沃，农业发达，水网密布，水、土、光、热条件都十分优越，是广西重要的水稻、甘蔗、花生产区，也是胡椒、菠萝蜜、杧果等热带作物与水果产区。其外沿多岛屿、滩涂，适宜进行捕捞和海产养殖。南流江流域的矿产资源主要分布于中游的博白县和下游的北海市，主要有石灰岩、磷矿；海洋资源仅见于下游近海区，多分布于北海市。

（六）茅岭江

茅岭江发源于钦州市钦北区板城镇屯车（百灶）村龙门屯旁，集水面积为2909平方千米，是广西独流入海的第二大河流。茅岭江干流长123千米，平均坡降为0.49‰，年平均径流量约为29.59亿立方米，流域内集水面积达50平方千米以上的支流有17条。茅岭江流经钦州市钦北区板城镇、新棠镇、长滩镇、小董镇、那蒙镇、大寺镇，钦南区黄屋屯、康熙岭镇，防城港市防城区茅岭乡，在沙坳村老螺坪屯注入北部湾。

（七）钦江

钦江是广西独流入海的第三大河流，源于钦州市灵山县平山镇东山东北麓3千米的思林村茂金屯以东1.2千米处。钦江集水面积为2391.34平方千米，干流长195.26千米，平均坡降为0.32‰，年平均径流量为22.11亿立方米，流域内集水面积达50平方千米以上的支流有13条，主要有那隆水、旧州江、大平水和新坪水。钦江流经灵山县平山镇、佛子镇、灵城镇、檀圩镇、三隆镇和陆屋镇等乡镇，钦州市青塘镇、平吉镇、久隆镇、沙埠镇、尖山镇和钦州市区，在尖山镇黎头咀村分为两条支流注入北部湾。

（八）大风江

大风江发源于钦州市灵山县西南部伯劳乡万利村，向西南流至钦州市钦南区的那彭镇和平银村后转折流向东南于犀牛脚乡沙角村注入北部湾，是独流入海河流。大风江全长185千米，流域面积为1927平方千米，年平均径流量为21亿立方米，干流平均坡降为0.16‰，总落差为45.8米，河道弯曲系数为1.56。大风江下游江面辽阔，江海相连，海潮可上溯至平银圩附近，航船常遇风暴潮的危害。受地质构造的影响，大风江河口呈鹿角状深入内陆，潮汐通道规模较大，中部呈"S"形深槽，水深5～10米，为落潮冲刷槽，河口区水深0～3米，有多道拦门沙形成。大风江总长16千米，宽5千米，呈东西向横亘于河口外海域，与潮流方向垂直。两侧潮滩广为发育，在潮间带有大片红树林群落。

七、海水性质

（一）海水温度

广西北部湾表层年平均水温为23.14～24.59℃，7月平均水温最高，达29.45～30.35℃；2月平均水温最低，仅为14.32～17.85℃。海水温度的年变化趋势与陆地气温基本一致。海水温度的日变化表现为表层水温变化比底层水温变化大，水深5米以内的河口区水温变化较浅海区大。表层水温日最高值出现在16点至20点，最低水温出现在夜间气温最低时或稍后2～3小时。

海水温度的水平变化主要受纬度影响，自北向南温度逐渐递增。年平均水温最低的龙门群岛海域（23.14℃）位置最靠北，年平均水温最高的涠洲岛海域（24.59℃）在五个水温观测站中位置最靠南。水温的垂直分布是表层高，底层低。垂直梯度表现为春、夏季大于秋、冬季。冬季海水对流混合很强，水温垂直分布比较均匀；春季表层水温开始上升，但风力很弱，表层水温高于底层水温，最大温差梯度达每米1.11℃；夏季风力较强，温度垂直梯度较春季小；秋季开始降温，海水密度增大，对流作用加强，水温层化现象基本消失。

（二）海水盐度

广西北部湾海水盐度的分布情况为河口区低，外海区高；西段低，东段高。盐度的季节变化主要受降水量和沿岸径流量影响，冬季降水和径流量最少，海水平均盐度高达31.14‰；夏季降水量和径流量最大，海水盐度最低，平均值只有27.15‰。沿岸海区盐度的日变化主要受潮流和径流的影响。由于河口区盐度低，外海区盐度高，涨潮时外海海水流向河口及沿岸，使河口及沿岸盐度升高，落潮时情况则相反。一般海水表层盐度日变化的幅度大于底层，河口区盐度日变化的幅度大于浅海区，夏季盐度日变化的幅度大于冬季。洪水期河口区盐度日较差可达20‰以上，枯水期只有2‰左右。10米等深线以外的海区由于潮位变化较河口小，同时受径流影响不大，盐度日较差相应较小。

海水盐度的垂直变化也受季节影响。春季盐度垂直分层较稳定，上层盐度稍比下层低，河口区盐度垂直变化梯度比浅海区略大，每米变化范围为0.04‰～0.5‰。夏季上层盐度稍比下层低，分层也较稳定。河口区盐度垂直梯度一般表现为夏季比春季大，而浅海区则表现为夏季比春季小。河口区层化现象较为明显，梯度值最大可达0.5‰。秋季水体垂直混合加强，盐度垂直梯度较小，盐度层化现象消失。冬季水体垂直对流混合很强，盐度垂直分布均匀一致。

（三）海水透明度

广西北部湾近岸海水透明度受注入淡水和海水相互作用的影响，其分布趋势与盐度相似，表现为东海岸高，西海岸低。透明度值冬季最大，夏季最小，春、秋季界于冬、夏季之间。夏季因受季风影响，降水量多，注入径流量大，海水混合作用也较强，故海水透明度最低。此时海水最小透明度出现在南流江口一带，为0.2米；最大透明度出现在0603站（防城港南约30千米），为3.2米。10米等深线附近的海水透明度为1～2米。冬季虽受东北风影响，海水混合作用较强，但径流量最小，故透明度较大。冬季最大透明度出现在0303站（北海与涠洲岛之间海域），达11米；最小透明度出现在南流江口，只有2米。10米等深线以内海域透明度为2～4米，10米等深线以外海域透明度为4～11米。

（四）海水酸碱度

海水的pH值大小主要受二氧化碳系统的控制。由于海水中二氧化碳变化不大，故pH值一般稳定在8.00左右。但随着环境的变化，如近岸海水环流、陆地径流、生物作用以及水温和盐度的变化等，pH值会发生小幅度改变。

广西北部湾海水pH值的分布一般表现为近岸低、外海高。浅海区海水的pH值为8.17，沿岸海水的pH值为8.06，河口区海水的pH值只有7.91。浅海区pH值的垂直变化幅度不大。除夏季外，各季度的月平均值均表现为底层高于表层，pH值相差0.02～0.04，并伴有明显的季节性变化，一般春、夏季变化小，秋、冬季变化较大。

冬季海水的pH值较高，平均值在8.20以上，最高值出现在浅海区，为8.37。春季浅海区的pH值为全年最高，平均达8.36；低值出现在河口区，仅为7.65，其中龙门港海区的pH值最低，仅为7.07～7.17。夏季海水的pH值低于冬、春季，浅海区的平均pH值为8.08，河口区的平均pH值为7.99。秋季浅海区海水的pH值接近夏季，平均值为8.04；河口区的平均pH值较低，只有7.82。

（五）海水中的溶解氧

海水中的溶解氧与生物活动有着密切的联系，它的含量与变化是反映生物生长状况的一个主要指标，同时也是海水污染监测的指标之一。

广西北部湾近海区海水的溶解氧平均含量为4.29～6.08毫升/升，饱和度为63.07%～122.2%，全年无缺氧现象。冬季溶解氧含量最高，各海区平均值为5.93～6.08毫升/升，饱和度为99.6%～100.8%。溶解氧在各海区的分布表现为近岸高于远岸，西岸高于东岸，河口区高于岬角湾，湾内高于湾外。除铁山港外，其余港湾海水中的溶解氧均处于过饱和状态。春季海水溶解氧含量下降，平均值为5.27～5.48毫升/升。其中浅海区溶解氧含量最高，自东海区向西海区逐渐降低且湾外高于湾内，与冬季的分布趋势相反。夏季海水溶解氧含量降至最低值，为4.29～4.54毫升/升，饱和度为96.93%～97.73%。浅海区溶解氧含量最低，其次为河口区，只有龙门港呈过饱和状态，其余港湾溶解氧含量偏低。秋季海水溶解氧含量开始回升，平均值为4.73～4.89毫升/升，其分布状态大致是浅海区高于河口区，西海区高于东海区。

广西北部湾各海区各季度溶解氧含量的平均值，除冬季外均表现为表层高于底层，差值为0.04～0.22毫升/升，夏季差值大，冬季差值小。浅海区海水溶解氧含量的垂直变化大，河口区海水溶解氧含量的垂直变化较小。浅海区海水中溶解氧的含量有明显的季节变化。冬季东北风强烈，水体上下混合均匀，上下层溶解氧含量相差很小（0.06毫升/升）；

春季层化现象明显，上下层溶解氧含量差值达0.32毫升/升；夏季垂直分布与春季相同，溶解氧含量平均差值为0.31毫升/升；秋季海水表层溶解氧含量略高于底层，差值小于0.10毫升/升。在河口区由于受径流影响，溶解氧含量垂直变化较小，冬季差值只有0.02毫升/升；春季表层较底层高0.03毫升/升；夏季层化现象明显，表层较底层高0.10毫升/升，其中珍珠港层化现象最明显，差值达0.40毫升/升；秋季层化现象减弱，差值小于0.06毫升/升。

（六）海水中的磷酸盐

磷酸盐是海洋浮游生物繁殖必需的基本营养物质，是影响海洋生产力的因素之一。其含量和分布与生物活动、有机体分解、径流注入、水体运动以及海洋底质等关系密切。海水中磷酸盐的含量随季节和浮游植物量的变化而变化。冬季浅海区磷酸盐平均含量为0.56微克原子/升，比河口区（0.47微克原子/升）高；春季河口区磷酸盐含量迅速上升至0.87微克原子/升，高于浅海区的0.70微克原子/升；夏季浅海区磷酸盐含量达0.90微克原子/升，为全年最高值，在河口区由于浮游植物大量繁殖，磷酸盐含量只有0.52微克原子/升；秋季浅海区磷酸盐含量有所下降，为0.7微克原子/升，但河口区含量比夏季有所上升，这主要是径流带入所致。

磷酸盐在海水中的垂直分布不仅有明显的季节性差异，还有区域性差异。各季度磷酸盐含量的平均值都呈现出底层高于表层的情况，这与浮游植物的分布有关。在浅海区，冬季风浪较大，磷酸盐含量的垂直变化不明显；春季磷酸盐含量的垂直变化较大，底层磷酸盐的含量明显高于表层；夏季西南风强，磷酸盐含量的垂直变化减弱；秋季与冬季相似，磷酸盐含量的垂直变化不明显。在河口区，冬季各港湾磷酸盐含量的垂直分布差异较大，龙门港以东港湾表层磷酸盐含量高于底层，以西港湾则相反；春季磷酸盐含量垂直分布情况与冬季相似；夏季磷酸盐含量的垂直变化为全年最大；秋季磷酸盐含量的垂直变化幅度有所下降。

（七）海水中的硅酸盐

硅酸盐是水生生物生长繁殖不可缺少的营养成分，它与磷酸盐、硝酸盐一起被称为"三大营养盐"。大量的硅酸盐来源于大陆径流，此外硅酸盐还来源于植物残体的分解、海洋底质的溶解。

广西北部湾海区硅酸盐平均含量为5.18～53.15微克原子/升，属正常范围。说明北部湾海区的硅酸盐可以满足浮游生物的需要，对浮游植物的生长和繁殖不会产生抑制作用。

广西北部湾海域的硅酸盐含量随季节和海区变化明显。浅海区硅酸盐春季含量较高，秋、冬季含量较低，夏季居中；河口区的硅酸盐含量随着注入径流的大小而发生变化，且浮游植物数量变化趋势与硅酸盐含量变化趋势一致。冬季河口区的硅酸盐含量高于浅海区，此时浅海区的硅酸盐含量为全年最低值。春季硅酸盐含量在浅海区大幅度上升，可达4.00～65.00微克原子/升，但河口区含量仍明显高于浅海区，分布趋势为湾内向湾外递减。夏季浅海区硅酸盐含量随着浮游植物数量的增加而减少，河口区的硅酸盐含量比浅海区高一倍。秋季浅海区和河口区硅酸盐含量均呈下降趋势，但都比冬季含量高。

广西北部湾海域的硅酸盐含量垂直变化明显，表层与底层差值为0.12～3.36微克原子/升。在浅海区，冬季硅酸盐含量的垂直变化为全年最小，表层低于底层，差值为0.25微克原子/升；春季硅酸盐含量迅速升高，垂直差异明显，表层比底层高0.60微克原子/升；夏季硅酸盐含量下降，上下层之间的分异也较明显；秋季硅酸盐含量垂直变化不明显，底层稍高于表层。在河口区，冬季硅酸盐含量垂直变化为全年最小，平均差值为0.06微克原子/升；春季因硅酸盐含量的急剧增加，垂直变化最大，平均变幅达8.58微克原子/升；夏季硅酸盐含量垂直变化比春季小，平均差值为4.70微克原子/升；秋季硅酸盐层化现象不明显，上下层之间差值仅为0.91微克原子/升。

（八）海水中的硝酸盐

硝酸盐是含氮化合物氧化的最终产物，也是海水中无机氮存在和被浮游植物利用的主要形式，其含量的高低与降水、径流、海洋生物的生长繁殖、海水对流以及死亡动植物机体分解等因素密切相关。

海水中硝酸盐的分布一般表现为河口区高于浅海区，夏季高于冬季。冬季硝酸盐的含量较低，浅海区硝酸盐的平均含量为0.40微克原子/升，河口区只有0.38微克原子/升。春季浅海区的硝酸盐含量达到最低值，而河口区的硝酸盐含量则迅速上升，达3.32微克原子/升，比浅海区高9倍。夏季浅海区硝酸盐含量达到最高值，平均值为0.68微克原子/升，河口区的硝酸盐含量则稍低于春季，平均值为3.15微克原子/升。秋季浅海区和河口区硝酸盐含量均呈现明显下降趋势。

硝酸盐含量的垂直分布变化以春、夏季较明显，秋、冬季层化现象不明显，且河口区硝酸盐含量的垂直变化比浅海区显著。在浅海区，冬季风浪较大，层化现象不明显，上下层差值只有0.06微克原子/升；春季上下层之间的差异更小，只有0.02微克原子/升；夏季随着硝酸盐含量的增加，硝酸盐含量的垂直变化较为显著，上下层之间的差值为0.16微克原子/升；秋季硝酸盐含量的垂直变化明显减弱，差值为0.08微克原子/升。在河口区，冬季表层海水硝酸盐含量明显高于底层，平均差值为0.21微克原子/升；春季硝酸盐含量迅速增加，垂直差异增大，差值为0.58微克原子/升；夏季层化现象最为明显，平均差值达0.80微克原子/升；秋季硝酸盐含量的垂直变化与冬季相近。

海水中硝酸盐含量一般为0～50微克原子/升，而广西北部湾地区近海硝酸盐含量多数在0.5微克原子/升左右，在河口区平均最高也只有3.32微克原子/升，总体比一般正常海水含量低，但北部湾海区的浮游植物数量仍比一般海水高。因此可以认为广西近海水域硝酸盐的含量对发展海水养殖业不会产生抑制作用。

八、潮汐与海浪

（一）潮汐

海水的涨退具有明显的规律性，有的地方一天涨退一次，有的地方一天涨退两次。这种在月球和太阳引潮力作用下发生的海水周期性的涨退现象称为潮汐，它包括海面周期性的垂直涨退和海水周期性的水平流动，习惯上将前者称为潮汐，后者称为潮流。

由于北部湾的面积不大，引潮力直接引起的潮汐现象与外来潮波能量相比是微不足道的。潮波运动主要由北部湾口输入的潮波能量维持，从琼州海峡进入的潮波对北部湾海区影响不大。太平洋潮波传入南海后，经湾口进入北部湾，在传播过程中受地球偏转力、水深、地形等因素影响，以及受北部湾反射潮波的干涉，从而形成潮汐。潮波主要呈驻波式振动，并有前进波的某些特点。

广西北部湾潮汐以全日潮为主。除铁山港和龙门港为不正规全日潮以外，其余均为正规全日潮。潮汐现象的显著特征是大潮过后有2～4天为一天两次潮，其余多为一天一次潮。在一年中，一天一次潮的时间占60%～70%。全日潮潮差约3.6米，半日潮潮差仅1.5米左右。北部湾潮汐的日不等现象较为显著，主要反映在一个太阴日内相邻的两高潮或两低潮的潮高不等，其差值一般为0.5米，较大者达2米以上；涨潮和落潮历时也不相等，两段历时相差约2小时。潮汐日不等现象因地而异，铁山港、龙门港的潮汐日不等现象较其余海区明显。

潮差是指相邻两个高潮与低潮间的水位高度差。潮差的大小随时间和地点的不同而变化，一般沿岸和港湾潮差较大，外海潮差较小。广西北部湾的最大潮差出现在铁山港，达6.25米，平均潮差为2.45米。龙门港的最大潮差为5.52米，平均潮差为2.52米。沿钦江上溯，钦州最大潮差只有2.63米，平均潮差为1米。潮差随时间的变化主要反映在季节变化上，特别是河口区，一年内各月平均潮差具有明显的随季节变化的特征，一般洪水季节的潮差大于枯水季节。如茅岭江黄屋电站，7月平均潮差为1.2米，3月仅为0.89米。平均潮差的年变化大体上表现为沿岸及港湾变化较大，除石头埠外其余年较差均在0.6米以上，而河道上游变化小，年较差一般在0.4米以下。

广西北部湾海区涨落潮历时不等。铁山港平均涨潮历时8小时5分，平均落潮历时6小时52分，涨落潮历时相差1小时13分。防城港平均涨潮历时10小时53分，平均落潮历时8小时11分，涨落潮历时相差达2小时42分。潮时在一年中的变化表现为冬、夏季较长，春、秋季变短。注入北部湾的主要河流平均涨潮历时小于落潮历时。潮波沿河道上溯，涨潮历时逐渐递减，相反，落潮历时逐渐递增，直至潮区界附近，涨落潮历时差值达到最大。如钦州江口平均涨潮历时8小时30分，落潮历时11小时，差值2小时30分；当潮波上溯至钦州及更上游区域，平均涨潮历时减至4小时7分，落潮历时增至18小时51分，差值达14小时44分。

（二）潮流

潮汐和潮流是同一潮波现象的两种不同表现。潮流的分布与潮波的传播相对应，流速大小与潮汐振幅密切相关。通常，沿岸地区潮流强，外海潮流弱。在开阔海区，潮流受地球偏转力影响形成旋转流；在近岸、河口、水道及海峡地区，潮流受地形约束多为往复流。

广西北部湾岸线曲折，入海口门众多，涨落潮流流速较大。其中，钦州湾涨落潮流流速最大，洪水期流速可达2节左右，枯水期流速约为1节，理论最大流速可达3.75节。三娘湾至南流江口由于汛期汇入径流较大，两口门处对潮流影响程度不同，大风江口涨落潮流流速约为1.6节，南流江口外流速只有0.8节。冬季两河口潮流流速均减弱，大风江口为0.6节，南流江口约为0.7节。铁山港全年均以潮流为主，径流次之，在港湾上段，汛期潮流流速略大于1节，枯水期则在1节以下；港湾下段的潮流流速略大于上段，汛期在1.2节以上，枯水期约为1节。浅海区涨落潮流流速差异不大，为1节左右。

广西近海潮流具有明显的往复流特征，其流向大致与岸线或河口湾内水槽走向一致。潮流性质分为不正规全日潮和不正规半日潮两种，其中不正规全日潮占主导地位。

由于广西近海潮流以全日潮为主，因此在近岸海区所反映的各个分潮中，以全日分潮为主，半日分潮、浅水分潮次之。全日分潮的椭圆长轴方向，在河口区一般与岸线或湾内水槽走向一致，多呈南北向，在浅海区为东北至西南向。分潮的旋转方向除铁山港和钦州湾顶部受地形影响为逆时针外，其余海区均为顺时针方向。沿岸分潮的流速稍大于外海，在河口湾内达到最大。表层分潮最大流速出现在钦州湾内，每秒达53厘米。潮流流速的垂直变化为表层最大，中层次之，底层最小。半日分潮的椭圆长轴在河口湾内与全日分潮相差不大，在浅海区亦与全日分潮大体相同，椭圆长轴多为东北至西南向。旋转方向与全日分潮相似。除北海断面外海半日分潮的流速大于沿岸外，其余地区均是沿岸半日分潮流速略大于外海，最大流速出现在茅尾海，每秒为35.9厘米。流速的垂直变化同样是表层最大，中层次之，底层最小。

在海岸带实测到的海流通常是潮流、风海流和地转流等叠加的合成海流，这种合成海流可分解为周期性海流（潮流）和非周期性海流（余流）。广西近海余流受风场、径流和沿岸水支配，因此具有明显的季节性。夏季注入径流达全年最大值，沿岸水急增，在偏南风和北上海流影响下，海水向湾顶扩展，近岸浅海表层海水向偏北方向流动。同时，河口湾内海水受淡水充斥，并随径流向偏南方流动。在铁山港表层，口门余流的流速为0.2节，港内余流的流速为0.15节；底层余流流速比表层小，口门为0.14节，港内仅为0.12。在三娘湾至南流江口一带近岸海域，风和径流的影响均较铁山港内大，故其流速较大。钦州湾的余流表层流速只有0.2节，在湾顶处，余流向偏北方向流动，但在湾口则向偏南方向流动。浅海区10米等深线外侧余流受东南及西南季风影响，构成两个余流系统，西部表层余流向偏东方向流动，东部余流则向西北方向流动，流速为0.4节左右。除铁山港底层余流不甚明显外，其余海区底层余流均与表层分布相类似，呈现较弱的上溯现象，其流速约为表层流速的三分之一。冬季由于注入径流大减，控制海区余流的主要是北风及东北风，故余流流速较夏季小，最大流速位于茅尾海，为0.44节。表层余流大体上向西南方向流动，除钦州湾顶和北海断面的底层余流呈很弱的上溯现象外，其余海区底层余流分布与表层相似。

（三）风浪

海浪是发生在海洋中的波动，是海水运动的主要形式之一。广西北部湾的海浪主要因风力对海水表面的作用而产生，或者从外海传递而来。广西北部湾海区受季风影响，海浪的发展、消长亦受季风制约，其分布、变化与季节有密切的关系。广西北部湾的海浪由风浪、涌浪和混合浪组成，以风浪为主。

广西北部湾风浪年平均频率达97%～100%，其中涠洲站为100%，北海站为97%，白龙尾站为99%。

广西北部湾盛行风浪方向大同小异，涠洲站是西南偏南向和东北向，频率分别为14.8%和14.5%；北海站为东北偏北向和正北向，频率分别为16.1%和12.6%；白龙尾站是东北偏北向和东北向，频率分别为23.9%和14.5%。沿海风浪最少的方向为西北偏西向、西北向和西北偏北向，频率在1.4%以下。其中涠洲站和白龙尾站的西北和西北偏北两向基本上未出现过风浪。北部湾沿海静风率为14.8%。风浪方向的分布有明显的季节性变化。10月至翌年3月，最多风浪的方向为东北偏东向和东北向；6～8月出现的风浪以南向和西南偏西向最多，平均频率为22%；4月、5月和9月是季风交替的转换时期，这三个月的风浪频率均比其他月份低。4～5月，涠洲站最多风浪的方向是东北向，频率分别为14%和11%；北海站最多风浪的方向是北向、东北偏北向和西南偏北向，白龙尾站最多风浪的方向是东北偏北向、东南向和西南偏南向，这两站的频率均为10%～16%。可见，季风交替时期的风浪方向是比较分散的，主导方向不明显。

（四）涌浪

广西北部湾年平均涌浪频率为9.6%～33.3%，其中涠洲站为19.2%，白龙尾站为33.3%，北海站最低，为9.6%。涌浪的逐月变化较大，涠洲站4月和5月涌浪频率最高，均为34.0%，11月最低，为4.0%；白龙尾站4月和8月涌浪频率最高，分别为45.0%和44.0%，11月最低，为24.0%；北海站7月涌浪频率最高，为30.0%，11月最低，基本无涌浪出现。

沿海涌浪主要分布在东南偏东到西南偏西方向。其中，涠洲站主浪向是西南偏南向，频率为9.1%；北海站主浪向为西南偏西向，频率为5.7%；白龙尾站以东南向频率最高，为12.1%。涠洲站冬季以北向或偏北向涌浪最多，春季最多为东南偏东至东南偏南向涌浪，夏季为西南偏西向涌浪，秋季为东向和北向涌浪；白龙尾站秋、冬季最多是东南向涌浪，春、夏季均为南向涌浪；北海站以西南偏西向和西南向涌浪最多，秋、冬季的北向涌浪也较多。

（五）混合浪

广西北部湾混合浪平均出现频率为19.9%，其中涠洲站混合浪的出现频率为18.1%，北海站混合浪的出现频率为9.2%，白龙尾站混合浪的出现频率为32.4%。涠洲站7月混合浪出现的频率最高，为33.6%；11月混合浪出现的频率最低，为3.3%。北海站7月混合浪出现的频率最高，为28.2%；11月混合浪出现的频率最低，几乎未出现。白龙尾站4月混合浪出现的频率最高，为44.0%；11月混合浪出现的频率最低，为23.0%。

（六）海浪波高

波高是指波峰到相邻波谷的垂直距离。风浪的波高主要取决于风速、风时和风区。风速越大，风时、风区越长，风浪的波高就越大，反之就越小。涌浪的波高除取决于原海浪高度外，也随着传播的距离或时间的增加而逐渐减小。

广西北部湾海域波浪较小，平均波高为0.28～0.57米。涠洲站、北海站和白龙尾站年平均波高分别为0.57米、0.28米、0.51米。一般夏、秋季海浪的波高较冬、春季高，这与受西南季风和台风影响有关。最大波高一般出现在夏、秋季的台风季节，产生于西南大风或偏北大风。

广西北部湾海域的分向平均波高变化不大。涠洲站、北海站和白龙尾站的分向平均波高变化范围分别为0.4～0.7米、0.2～0.5米、0.3～0.9米。涠洲站东北偏东至东向和南至西南向的波高较大，年平均波高为0.7米；西至西北向的波高较小，年平均波高只有0.4米。北海站西北偏北至东北偏东向的波高较大，其中以西北偏北向最大，年平均波高为0.5米；其他方向的波高只有0.2～0.3米。白龙尾站西南偏南向的波高最大，为0.9米；西北偏西向的波高只有0.3米。北部湾海域在冬、春季为东北向的波高最大，西南至西北偏北向最小；夏、秋季则为东南至西南偏西向的波高较大，西至东北偏北向较小。

（七）波浪的周期

波浪的周期是指波浪的两个相邻的波峰或波谷相继通过一个固定点所需的时间，一般可分为平均周期和最大周期。广西沿海历年波浪平均周期为1.8~3.4秒，其中涠洲站历年波浪平均周期为3.4秒，北海站历年波浪平均周期为1.8秒，白龙尾站历年波浪平均周期为3.1秒。就季节而言，波浪平均周期一般表现为夏、秋季高于冬、春季，在7月最大。

广西北部湾海域历年实测波浪最大周期为8.7秒。其中涠洲站和白龙尾站的年平均最大周期均为5.7秒，北海站的年平均最大周期为3.7秒。

（八）潮汐与波浪能源

广西北部湾岸线曲折，港湾多，纳潮能力大，涨落潮流流速快，潮汐能源比较丰富。据初步统计，广西北部湾可开发装机容量达37.9万千瓦，年发电10.82亿千瓦时。广西北部湾大部分的潮汐能集中分布于港湾一带，可建成装机容量500千瓦以上的港湾共18处。钦州湾是个葫芦状的港湾，纳潮能力大。龙门港最大潮差达5.52米，平均潮差为2.48米，涨落潮流流速快，是广西沿岸最大的潮流区。龙门港潮能资源丰富，建港条件优越，理论装机容量5万千瓦，年发电2.73亿千瓦时。它处于钦州湾的瓶颈，岛屿星罗棋布，地质结构好，淤泥层浅，易于筑堤建坝。

据调查推算，广西沿海波能理论总功率达59.4万千瓦，其中大陆沿岸为30.1万千瓦，岛屿为29.3万千瓦。波能受季风影响，具有明显的季节性变化，一般夏、秋季变化大，冬、春季变化小，与同期的波浪分布基本相同。我国的波能主要是通过小型波能发电装置为航标灯、浮标灯等供电。上海已成功研制出一台波能发电装置，其一天的发电量可供一台航标灯使用三天。广西沿海常年风力较强，波能密度较大，且无结冰期，开发波能资源的自然条件较好。加之广西沿海地区特别是岛屿地区的能源短缺，因此研究开发波能资源具有重要意义。

九、主要海岛

广西北部湾沿海岛屿众多，共计642个，按成因可分为火山岛、大陆岛和冲积岛三类。火山岛是由海底火山爆发喷出的熔岩物质堆积而成的，以涠洲岛和斜阳岛为代表，在其附近往往还可以找到火山口地貌。大陆岛原是大陆的一部分，在冰后期由于海平面上升，低洼的地方被海水淹没，较高的地方露出海面而成，如防城港渔万岛、钦州七十二泾等，其地质地貌和构造与相邻陆地相似。冲积岛是因河流携带沙泥遇海潮顶托，在河口附近沉积而成，以南流江口的七星岛为代表，其地貌形态和组成物质与附近平原相似。

（一）涠洲岛

涠洲岛是中国最大的火山岛，也是广西最大的岛屿、海岛镇。它位于北海市区南面66.7千米，北临大陆，东南临斜阳岛，东望雷州半岛，南与海南岛隔海相望，西面越南。全岛主要为玄武岩台地，地势南高北低，南湾顶最高处海拔79米，台地向北倾斜，直至伸入海底。南湾为向南缺口的火山口，火山口东、北、西三面均为高50~70米的海蚀崖。涠洲岛南北长6.5千米，东西宽6千米，总面积为24.74平方千米。岛上年平均气温为23℃，年平均降水量为1297毫米，干湿季明显，每年6~9月为雨季，终年无霜。

涠洲岛是由火山喷发物质堆积而成，有多样的火山岩、海蚀与海积等地貌景观（图3-1）。岛上盛产香蕉和花生，所产花生油远销我国香港地区和东南亚国家。岛屿南部的南湾港有口门与外海相通，面积为26万平方米，水深2～9米，是广西渔业生产基地，盛产海参、珍珠、鲍鱼等名贵海产品。此外，涠洲岛还是我国候鸟的主要栖息地之一，现已建成鸟类自然保护区。

图3-1　涠洲岛

（二）斜阳岛

斜阳岛是广西北部湾内由火山喷发物质堆积而成的岛屿，位于涠洲岛东南方向约16.7千米。因该岛斜卧于海上，南面为阳，故称斜阳岛（图3-2）。整个岛屿仅有一个小村落，约有290人，多靠捕鱼为生。

斜阳岛地势西高东低，中央偏西南处低洼，环岛海岸悬崖壁立，海蚀平台若隐若现，难觅滩涂，只有三处地方稍为低平，可供船停泊靠岸。东面是全岛海蚀地貌最集中的位置，有海蚀崖、海蚀平台、海蚀洞、海蚀拱桥与海蚀柱。

斜阳岛是广西纬度最低的地方，海洋气候宜人，夏无酷暑，冬无严寒，属北热带海洋性湿润气候，年平均气温为23℃，≥10℃积温为8000℃，年平均降水量为1863毫米，属广西多雨地区，浅海海域年平均水温为24.6℃。岛上植被覆盖率高，天然植被茂密，以马尾松、台湾相思树为主。斜阳岛景观绚丽、海水洁净，贝类珊瑚自成系统，与涠洲岛合称"大小蓬莱"。但因斜阳岛是军事管理区，不能发展旅游业。

图3-2　斜阳岛

（三）渔万岛

渔万岛位于防城港市南部的防城港湾内。渔万岛古称白沙万，又名渔洲坪、珠沙港，1950年改称今名，取自岛上渔洲坪、白沙万两个村名。渔万岛受两组构造线控制，地貌上表现为一列起伏和缓的低丘陵。西部丘陵临近海边，坡陡；东部坡较缓，尚发育有狭长的滨海平地，故交通线均沿东部通过。渔万岛北部田寮屋至尖山岭呈西北走向，地层由志留系灰绿色细砂页岩、粉砂岩、页岩组成，长3千米，宽1～1.5千米，海拔较低，一般为30～50米，最低为2.5米。东南部呈东北至西南向长条状展布，组成岛的主体，长8千米，宽1～1.5千米，平均海拔为50～60米，最高点为白沙万大岭，海拔103.7米，地层由侏罗系砂页岩、粉砂岩和泥岩等组成。

渔万岛气候高温多雨，常有大风，年平均气温为22.5℃，年平均降水量为2874毫米，平均每年有一次热带风暴，每次持续时间约2天。

（四）七十二泾

七十二泾位于钦州市西南方25千米、茅尾海南端，因群岛构成70多条水道而得名。群岛由龙门、簕沟、果子山、松飞大岭、亚公山、仙人井大岭、老鸦环、鹰岭等100多个大小岛屿组成，总面积为9.8平方千米。七十二泾共有居民7000多人，分散居住在龙门、果子山和簕沟三个岛屿上，以从事渔业为主。

七十二泾的形成主要是受钦州湾东北向压扭断裂与东南向张性断裂的共同作用，因为岩层和地形极为破碎，形成许多相互分离的丘陵，后遭受冰后期海侵，海平面上升，海水淹没丘陵之间的谷地，便形成了星罗棋布的岛屿。港湾的东岸岛屿最多，似一片被海水半淹没的丘陵，其海拔为20～70米，植被覆盖良好，岛屿周围基本无泥沙浅滩，多为深水水域，是船舶避风的良好锚地。港湾西部的岛屿数量稍少，但港汊甚多，有大片浅滩发育，航运条件差。

七十二泾海域为咸淡水的交汇区域，盛产对虾、大蚝、石斑鱼、青蟹等海鲜。七十二泾拥有著名的海湾风光，岛屿密布，参差错落，泾深浪静，泾泾相通，驱舟入之，如入迷津，自古以来吸引了无数游客。

（五）龙门岛

龙门岛位于钦州市西南方约25千米处、茅尾海与钦州湾间通道西侧。岛呈东北—西南走向，长2千米，宽0.6千米，面积0.88平方千米，为钦州湾内最大的岛屿。据明嘉靖《钦州县志》称："'龙门'之名，因山脉而称，岛上山脉自西而东蜿蜒如龙状，前屏两旁山头东西对峙如门，扼茅尾海出口，故名。"龙门岛在明朝前为荒岛，清初开始有人陆续定居，现为钦州市龙门乡政府驻地，有居民6000多人。龙门岛海域为咸淡水交汇区域，盛产对虾、大蚝、石斑鱼、青蟹等海鲜，居民多从事渔业。

龙门岛上丘陵起伏，最高点观音岭海拔38.1米，草木繁茂，主要树种为松和木麻黄。岛岸曲折，东岸为悬崖峭壁，四周有三个港湾，为避风锚地。东南沿岸有四个钢筋水泥码头，可停泊200～1000吨级船舶。东部有一条水深7～12米的主航道。岛上水源缺乏，建有石滩、沙滩、淡水龙三座小型水库，总库容126万立方米，因集水面小、渗漏等，实际蓄水量很少，主要供农田灌溉使用，生活和工业用水主要靠抽取地下水，水量也很有限。

第四章 广西北部湾的自然资源

广西北部湾海岸线蜿蜒曲折，全长约 1595 千米，以人工海岸线为主，具有自然海岸形态特征和生态功能的海岸线次之，砂质海岸线、淤泥质海岸线、基岩海岸线及河口海岸线长度皆较短。海岸线利用现状类型中最长的是渔业海岸线，长 1000 多千米；工业海岸线最短，长约 50 千米。广西北部湾风光秀美，物种丰富，拥有北海港、钦州港、铁山港等优良的海港资源，青蟹、对虾、方格星虫、石斑鱼等多样的生物资源和银滩、涠洲岛、七十二泾、三娘湾、大士阁等独具特色的旅游资源。

一、天然良港

北部湾有曲折的海岸线和众多的港湾、水道，故沿海地区素有天然优良港群之称。可开发泊靠万吨级以上的良港有北海港、铁山港、防城港、钦州港、珍珠港等，可建10万吨级码头的良港有钦州港和铁山港等。除防城港、北海港、钦州港三个中型深水港口之外，北部湾可供发展万吨级以上深水码头的海湾、岸段还有十多处，如铁山港的石头埠岸段、北海的石步岭岸段、涠洲岛南湾、钦州湾的籰沟、防城港的暗埠江口、珍珠港等，而且沿海港湾水深，无冰冻，淤积少，掩护条件良好，具备建设港口的良好条件。

（一）北海港

北海港位于广西海岸带的中部，廉州湾的东南部，北海市的北部滨海，东经109° 05′，北纬21° 29′。北海港是中国西南地区的重要出海港口，是广西沿海主要外贸港口之一，是港湾航道畅通、港阔水深的天然良港。北海港分为内港和外港，外港位于廉州湾的东南部，即北海外沙的外缘，其北部有含沙量较大的南流江注入，使海湾沿岸出现大片浅滩。北海港有一条天然深槽，全长14.63千米，水深6～10.5米，宽600～1000米。该槽是由潮流冲刷而成，深槽顺直，无暗礁和拦门沙；沙泥底质，锚着力好；深槽平均离岸距离600米，最近处仅200米，是建设深水泊位的优良港址。此外，该深槽陆域宽阔，地势平坦，地质基础好，又靠近老港区，有北海市依托，管理方便，具备发展成为大型港口的条件。

北海港属亚热带海洋性气候，年平均气温为22.6℃，历年最高气温为37.1℃，历年最低气温为2℃，全年无冰冻。北海港风向季节性变化显著，冬季盛行偏北风，夏季多为东南风，常风向为北向，其次为东南向。北海港年平均降水量为1664毫米，主要集中在7～9月，以雷阵雨为主，受台风过境影响明显。每年夏、秋季平均受台风影响2～4次。台风由南海进入北部湾时，因受海南岛和雷州半岛的阻挡，到达北海港时一般只有6～10级。北海港年平均雾日数为13.2天，主要集中在春季，多为平流雾，一般从上午2点开始至上午9点结束，能见度为100～800米。北海港的潮汐属于不正规日潮混合潮。大潮汛期为全日潮，月平均天数为22天；小潮汛期为半日潮，月平均天数为8天。最高潮位5.55米，最低潮位0.03米，最大潮差5.36米，最小潮差0.17米，平均潮差2.55米，在涨落潮过程中，局部地区会形成旋转流。

北海港管辖北海老港区、石步岭港区、铁山港港区和大风江港区。至1995年底，北海港港区陆域面积为15.71平方千米，有码头泊位11个，码头总延长1218.5米，完成货物吞吐量201万吨。北海港运输配套设施完善。随着西南内陆地区到广西沿海地区高速公路的相继建成通车，北海港周边的公路运输能力大大增强。钦北、南昆两条铁路的全线通车实现了北海与大西南的运输动脉贯通，形成西联大西南各省，中联湘西、豫西、桂西，东联广东的铁路交通网络，使北海港与全国铁路网络连成一片。北海港还开通了至海口、涠洲岛及下龙湾等地的国内、国际海上航线。此外，北海机场已开通了至全国各大中城市航线10多条，年旅客吞吐量达30多万人次。北海已经初步实现了以港口为龙头，港航结合，海陆空配套的立体交通运输网络。

（二）钦州港

钦州港位于北部湾的钦州湾内，西起钦防界茅岭江口，东至北钦界大江口，岸线总长520.8千米。背靠大西南，面向东南亚，地理位置十分优越，曾是孙中山先生在《建国方略》中规划的南方第二大港，仅次于广州港。如今，钦州港是广西沿海"金三角"的中心门户，也是大西南最便捷的出海大通道。

钦州港三面环山，水域宽阔，风浪小，来沙量少，冲淤平衡，岸滩稳定，具备建设深水泊位的有利条件。钦州港年平均气温为21.9℃，终年不淤不冻。降水集中在夏季。季风气候明显，平均每年受台风影响次数为2.4次。每年5～8月，钦州港盛行偏南风；10月至翌年3月，则盛行偏北风。钦州港潮汐为不正规全日潮，一个月内全日潮为19～25天，其余为半日潮。钦州港潮流浪差大、流速大，具有往复流特征。

1996年6月，经广西壮族自治区政府批准，设立省级开发区钦州港经济技术开发区。2000年，广西经济区域规划将钦州港定位为临海工业港和广西大型临海工业园区。2008年5月，国务院批准在钦州港设立中国第六个保税港区——钦州保税港区，这是中国西部沿海唯一的保税港区。2009年12月7日，钦州港获国务院批准为整车进口口岸。2011年，钦州港货物吞吐量达4716.2万吨，位居广西沿海港口第一（图4-1）。

图4-1　钦州港码头一景

今日的钦州港，"南方深水大港"的美丽容颜已展现在世人面前。一条13.26千米长的三墩公路犹如一条巨龙浮出海面，汪洋变通途。中石油30万吨级油码头及保税港区十余个10万吨级码头气势恢弘地屹立在钦州湾外湾，迎接着来自世界各地的巨轮。

（三）铁山港

铁山港是广西的天然深水大港，位于北海市东部，东邻广东省湛江市，地处北部湾中心。铁山港是一个狭长的台地溺谷型海湾，形似手指，湾口朝南敞开，呈喇叭状。铁山港为南北走向，水域南北长约40千米，东西最宽处为10千米，一般宽4千米。铁山港属亚热带季风气候，全年日照充足，降水量丰沛，气候温和，年平均气温为22.6℃。海水潮汐属不正规日潮混合潮，平均潮高4.5米。铁山港湾阔、水深、岸线长、潮差大、可避风、回淤小、航道短、礁石少、陆域宽、海浪平静、可挖性好，可建10万～20万吨级大型深水泊位50个以上，是一个名副其实的、国内少有的天然良港。

作为中国古代"海上丝绸之路"的始发港之一，铁山港一直为世人所青睐。据史书记载，清道光年间，就有陶瓷制品从这里运销东南亚。清末，外国商人抵达铁山港一带从事商贸活动。解放后，铁山港一带被国家列为战略储备港和军港。20世纪80年代末，铁山港获国务院批准成为广西北海对越边境贸易港。如今，铁山港是西南地区以及华南、中南部分地区最便捷的出海口，处于西南经济圈、泛珠三角经济圈和东盟经济圈的中心枢纽位置。铁山港距北海市区40多千米，距北海机场25千米，距南宁市250千米，对外交通十分便捷，南宁—北海高速、合浦—山口高速、玉林—铁山港高速等完善的对外公路形成了铁山港"三横三纵"便捷畅通的区域公路交通运输网络。

（四）防城港

防城港位于广西海岸线的西段、防城河口渔万岛的西南端，地处华南经济圈、西南经济圈与东盟经济圈的结合部。防城港市是中国唯一与东盟各国陆海相连的城市，也是从中国内陆腹地进入中南半岛的东盟国家最便捷的海陆门户。

防城港水陆交通方便，大陆海岸线长537.64千米，是中国25个沿海主要港口之一，是中国西部地区最大的港口，也是大陆海岸线最南端的深水良港。

防城港始建于1968年3月，当时作为援越抗美海上隐蔽运输航线的主要起运港，是"海上胡志明小道"的起点。其港湾水深、避风、淤积少，陆域宽阔，可用岸线长。港口背靠大西南经济腹地，西邻越南，东接粤、琼、港、澳，南濒东南亚各国，是服务西部、连接中国-东盟经济区的物流枢纽（图4-2）。1983年防城港被国务院列为对外开放口岸，1987年全面投产运营，2015年港口货物吞吐量达11504万吨。目前，防城港共拥有西湾北、南作业区，东湾港区和云约江港区三大港区，拥有泊位41个。靠泊的最大船舶是2010年2月到港的"河北宏图"号货轮，载重吨位为28.1万吨。码头库场面积逾400万平方米，是全国沿海港口装卸货种最齐全的港口之一，交通运输部列入统计口径的16类货种在防城港都有作业。此外，防城港还拥有各类装卸机械1000多台（套），港作船13艘，港口铁路调车场1个，铁路运输直达码头库场，具备装卸各种杂货、散货、滚装货物、集装箱、石油化工产品及仓储、中转、联运等功能，是全国四大水泥出口基地和十大接粮口岸之一。

图4-2 防城港港口

二、海洋牧场

我国海洋牧场建设的构想最早由曾呈奎院士于1970年提出，即在我国近岸海域实施"海洋农牧化"。1979年，广西水产厅（现广西壮族自治区海洋和渔业厅）在北部湾投放了我国第一个混凝土制的人工鱼礁，拉开了海洋牧场建设的序幕。1981～1988年，我国其他八个沿海省市先后投放了大量的人工鱼礁，取得了良好的经济效益和生态效益。

海洋牧场是采用现代化、规模化渔业设施和系统化管理体制，利用自然的海洋生态环境，将人工放流的海洋经济生物聚集起来，对鱼、虾、贝、藻等海洋资源进行有计划和有目的的海上放养，从而提高海域内海洋经济生物的种类和产量，是保护和增殖渔业资源、修复水域生态环境的重要手段。辽宁省是我国最早建设海洋牧场的沿海省份之一，大连市的獐子岛已成为现阶段我国最大的海洋牧场，为其他地区海洋牧场的建设起到了示范带头作用。经过几十年的发展，辽宁、山东、浙江、广东等沿海省份的海洋牧场已经实现规模化产出。但是，我国海洋牧场建设总体上仍处于人工鱼礁建设和增殖放流的初级阶段。

北部湾是我国著名的大渔场之一，有涠洲、莺歌海等多个渔场，是我国的传统渔区。北部湾生物资源种类繁多，有鱼类500多种，虾类200多种，头足类近50种，蟹类20多种，还有种类众多的贝类、藻类和其他海产动物。自古闻名于世的合浦珍珠亦产自这一海域。据资料显示，北部湾水产资源量为75万吨，可捕量为38万～40万吨，其中东方鲎、文昌鱼、海马、海蛇、海星、沙蚕、方格星虫等属于重要的药用生物。分布于沿海滩涂、面积占全国40%左右的红树林以及分布于涠洲岛周围浅海、处于我国成礁珊瑚分布边缘的珊瑚礁，作为重要的热带海洋生态系统，具有极大的科研价值和生态价值。

北部湾的海洋生物资源对发展海洋捕捞、海水养殖、海产品加工、海洋生物制药和科学研究等方面都有非常重要的价值。但是随着经济社会的高速发展和人口的不断增长，北部湾近海渔业资源受环境污染、工程建设、过度捕捞等诸多因素的影响而严重衰退，水域生态环境日益恶化，水域荒漠化日趋明显，北部湾海洋生物资源保护和可持续利用现状不容乐观。

海洋牧场是解决海洋渔业资源可持续利用和生态环境保护之间矛盾的金钥匙，是对转变海洋渔业发展方式的重要探索，也是促进海洋经济发展和海洋生态文明建设的重要举措。发展海洋牧场，不仅能有效养护海洋生物资源，改善海域生态环境，还能提供更多优质安全的海产品，推动海洋渔业向绿色、协调、可持续方向发展。广西北部湾的海洋牧场主要有白龙珍珠湾海洋牧场示范区、钦州市人工鱼礁区、北海市海洋牧场示范区等。

（一）白龙珍珠湾海洋牧场示范区

白龙珍珠湾是闻名遐迩的南珠产地之一，海域面积为12万平方千米，年平均气温为22.4℃，7月最热，1月最冷；年平均降水量为2745.6毫米，年平均降水日数为184天。白龙珍珠湾处于亚热带季风区域，风况具有明显的季节性变化。白龙珍珠湾年平均蒸发量为1645.2毫米，2月是低温阴雨集中月份，蒸发量最低，为55.4毫米；9月秋旱蒸发量最大，为197.2毫米。沿岸的潮汐基本上属正规全日潮，仅在小潮期间出现不正规半日潮，平均潮差约为2.2米，最大潮差在白龙尾，为5.64米。

白龙珍珠湾沿岸由沙质海岸、淤泥质海岸、基岩海岸、人工海岸组成。湾内海岸线约46千米，沿岸部分基本为滩涂，总面积达到53平方千米，适宜珍珠养殖的面积约为4平方千米。白龙珍珠湾有江平江、黄竹江等河流注入，沿岸生长有上万亩的红树林，海水清洁无污染，浮游生物、矿物质丰富，是理想的海水珍珠孕育生长地。同时，白龙珍珠湾海域自然条件优越，饵料生物丰富，适宜多种海洋生物的繁衍和生长，盛产青蟹、对虾、石斑鱼、海参、鲎等海产品，是十分适宜发展增殖型渔业的海域。

白龙珍珠湾海洋牧场示范区规划面积约为408.5平方千米，项目总投资约8亿元，计划建设鱼礁25万空立方米，增植海藻0.67平方千米，建设生态养殖区21平方千米，抗风浪网箱养殖区350万立方米，形成珍珠湾养殖生态恢复区、金滩繁育保护区、浅海底播增养殖区、浅海综合生态养殖区、深水增养殖区、北部湾海洋生物资源增殖中心、陆基后勤补给基地、珍珠贝繁育中心等八大产区。

（二）钦州市人工鱼礁区（三娘湾）

三娘湾地处广西钦州湾，被誉为"中华白海豚故乡"（图4-3），东与北海隔海相望，南临北部湾海域，西与钦州港毗邻，具有沿海和沿边的双重区位优势。三娘湾位于北回归线以南，属亚热带海洋性季风气候，热量充足，降水量丰沛，年平均气温为22℃，最冷月（1月）平均气温为13.4℃，最热月（7月）平均气温为28.3℃，年平均日照时数为1800小时，全年无霜期为354天，冬无严寒，夏无酷暑，是中国海岸带热量资源最丰富的地区之一。

三娘湾海域是北部湾著名的渔场。但改革开放以来，由于捕捞强度过大，尤其是近几年的非法捕捞行为，造成三娘湾沿海捕捞量锐减，生态资源和渔业资源出现不同程度的衰退。

如今，钦州三娘湾已被列入南海区国家级海洋牧场示范区的中长期建设规划。示范区海域面积为200.36平方千米，计划建设人工鱼礁区53.34平方千米、投放礁体114.34万空立方米。力求通过设立海洋牧场，将渔业发展和生态环境保护有机结合，构建科学、生态、高效的海洋牧场渔业发展新模式，实现三娘湾渔业的可持续发展。

图4-3　三娘湾

（三）北海市海洋牧场示范区

北海市海洋资源丰富，地理区位优越，生态环境良好，海洋产业发展潜力巨大。北海市管辖海域面积约为20000平方千米，海岸线长668.98千米，其中大陆海岸线长528.17千米，岛屿海岸线长140.81千米，港湾、河口众多。北海市紧邻北部湾渔场，渔业资源丰富，经济鱼、虾、贝、蟹种类繁多。此外，北海市还是广西最大的水产品加工出口基地，有水产品加工企业90家，2015年出口水产品7.3万吨，出口额为3.7亿美元，占广西水产品出口额的90%，主要销往美国、俄罗斯以及欧盟国家和南美洲、非洲等地。

海洋渔业是北海市的传统优势产业。2015年北海市海洋渔业总产量为96.48万吨，占广西海洋渔业总产量的53.56%，总产值达148.53亿元。

2015年北海市海水养殖总面积达258.67平方千米，海水养殖产量达53.5万吨，海洋捕捞产量达42.98万吨，形成了以对虾、文蛤、大蚝、金鲳鱼等优势品种为主导，大獭蛤、栉江珧、方格星虫、青蟹、大弹涂鱼、石斑鱼等特色名优品种稳步发展的良好格局。

经过多年的发展，海洋渔业在促进农业增效、农民增收中发挥了重大的作用，但也面临着捕捞能力仍然远超渔业资源可承受能力、渔业资源利用方式粗放等问题，渔获物低龄化、小型化、低值化情况加剧，渔业资源补充群体严重不足，部分水域呈现生态荒漠化的趋势。目前北海市海洋渔业存在两大突出问题。一是产业结构不合理，渔业生产基础设施薄弱，科技创新能力不足。以劳动密集型和资源密集型的海水养殖和近海捕捞为主，水产苗种生产体系建设滞后，养殖规模化和组织化程度较低，远洋渔业在海洋渔业中的占比较小，水产品精加工、深加工技术落后，产品品种单一。二是过度捕捞、工业污染、粗放型养殖污染等对近岸海洋生态环境产生较大压力，导致渔业资源衰退和病害频发等问题产生。北海市海洋牧场建设着力发展生态养殖，打造"绿色海湾"，主要包括推广海珍品和贝类底播生态养殖，保护和恢复海洋渔业资源；巩固提升对虾、罗非鱼、金鲳鱼等加工出口主导品种养殖能力；大力发展方格星虫、大獭蛤、栉江珧、石斑鱼、大弹涂鱼、青蟹等高值特色品种养殖；建设优质珍珠养殖基地，推广深水育珠新技术，全面提高南珠养殖质量和效益；扶持发展深水抗风浪网箱养殖、工厂化养殖、循环水养殖等设施渔业，推进标准化生产技术示范基地建设、无公害产地认定和产品认证；实施海洋水产种苗工程，加快建设水产原良种场和区域引种中心，依托广西北海国家农业科技园区暨北海海洋产业科技园区海洋科研创新园，开展对虾、锯缘青蟹、方格星虫、马氏珠贝、大獭蛤、东风螺、近江牡蛎以及名贵鱼类的苗种繁育扩能和技术研究；强化养殖水域滩涂管理，积极推行养殖证制度，积极推广无公害养殖技术标准化，强化产地环境监测和投入产品管理。

2006～2016年，北海市海洋牧场示范区共增殖放流恋礁性鱼类

11.6823万尾、虾苗1678.267万尾、马氏珠贝55.4524万只、江蓠4087.63千克，示范区用海面积约为1.06平方千米。

三、珍稀种群

北部湾海域有记录的珍稀种群包括珊瑚纲的31个种和其他24种动物。在这24种动物中，中华白海豚和儒艮为国家一级保护动物；蠵龟、绿海龟、太平洋丽龟、棱皮龟、玳瑁、克氏海马、文昌鱼、小鳁鲸、鳁鲸、鳀鲸、伪虎鲸、江豚、宽吻海豚、南宽吻海豚、长吻原海豚、花斑原海豚、热带真海豚、铅海豚、真海豚等19个物种为国家二级保护动物；东方鲎、刁海龙、马氏珠贝等3个物种为广西重点保护物种。

（一）国家一级保护动物

1. 中华白海豚

中华白海豚属鲸类的海豚科，是宽吻海豚及虎鲸的近亲，和人类一样体温恒定，用肺部呼吸，怀胎产子且用乳汁哺育幼崽。中华白海豚最早的发现记录是在唐朝。清朝初期，广东珠江口一带称它为"卢亭"，也有渔民称之为"白忌"和"海猪"。中华白海豚主要分布于西太平洋和印度洋，常见于我国东海，属于国家一级保护动物，素有"水上大熊猫"之称。

刚出生的中华白海豚约1米长，性成熟个体体长2.0～2.5米，最长达2.7米，体重为200～250千克。中华白海豚身形修长，呈纺锤形，背鳍突出，位于近中央处，呈后倾三角形。胸鳍较浑圆，基部较宽，运动极为灵活。尾鳍呈水平状，健壮有力，以中央缺刻为界分成左右对称的两叶，有利于其快速游泳。眼睛乌黑发亮，上颌、下颌的两侧均有20～37枚圆锥形的同型齿，齿列稀疏。吻部狭、尖而长，长度不到体长的十分之一。喙突出狭长，喙与额部之间被一道"V"形沟明显地隔开。脊椎骨相对较少，椎体较长。鳍肢上具有5指。虽然名为"白海豚"，但是刚出生的中华白海豚身体呈深灰色，青年时呈灰色，成年时全身呈象牙色或乳白色，背部散布有许多细小的灰黑色斑点，有的腹部略带粉红色，短小的背鳍、细而圆的胸鳍和匀称的三角形尾鳍都是近似淡红色的棕灰色。白海豚身上的粉红色并不是色素造成的，而是表皮下的血管所致，这与它的体温调节机制有关。

中华白海豚很少进入深度超过25米的海域，主要栖息地为红树林水道、海湾、热带河流三角洲或沿岸的咸水中。中国沿岸海域的中华白海豚有时会进入江河中。珠江口的中华白海豚曾进入珠江到达广州的海珠桥，并曾进入西江约300千米之远。中华白海豚在夏末常做跃水、探头等动作（图4-4），乘浪不常见到。它们喜随拖网渔船活动，常可在拖网浮子前的100～200米处看到它们。

图4-4　中华白海豚

2. 儒艮

儒艮为海生草食性兽类，其栖息地与水温、海流以及海草分布有密切关系。儒艮仅摄食深度在1～5米的海床底部生长的植物。它们以多种海生植物的根、茎、叶与部分藻类等为食，常会吃掉整株植物。它们不会使用门牙来咬断海草，而是以其大而可抓握的吻来摄食。有时它们会在海底留下一条啃食过的痕迹，在退潮时海草丛露出水面即可见到。儒艮一般白天和晚上皆会进食，但在人类活动频繁的地区则多半在晚上觅食。儒艮每天要消耗45千克以上的水生植物，因此每天都有很大一部分时间用在摄食上。因为儒艮觅食海藻的动作酷似牛，一面咀嚼，一面不停地摆动着头部，所以又名"海牛"。

儒艮最大体长为3.3米，成体平均长约2.7米。身体呈纺锤形，身体的后部侧扁。皮肤较光滑，有稀疏的短毛。头部较小，略呈圆形。眼小，无耳廓，耳朵很小。上唇略呈马蹄形。嘴吻弯向腹面，其前端扁平，称为吻盘。通过吻盘的侧缘和后缘可以抓住植物送入口中。两个阀门状鼻孔靠近在一起，位于吻端背面，可以在潜水时露出水面呼吸。潜入水中时，鼻孔被活瓣关闭。鳍肢短，约为成体体长的15%，梢端圆，无指甲。尾叶水平，略呈三角形，后缘中央有一处缺刻。胸部每侧有一个乳房，乳头位于鳍肢后方的腋下。睾丸在腹腔内。雄性的生殖孔位在远后方，很接近肛门。成体背面呈灰白色，腹面稍浅。幼体呈淡奶油色（图4-5）。

儒艮多在距海岸20米左右的海草丛中出没，有时随潮水进入河口，取食后又随退潮回到海中。儒艮行动缓慢，性情温顺，视力差，听觉灵敏，平日呈昏睡状。儒艮饱食后除不时出水换气外，喜潜入30～40米深的海底，伏于岩礁等处静候，从不远离海岸到大洋深海去。它们一般每1～2分钟浮至水面一次，但有时会潜水达8分钟以上。上浮时仅将吻部尖端露出水面，下潜时会像海豚一般整个身体垂直旋转一圈。它们对海温有一定的要求，对冷敏感，不去冷海。水温低于15℃时，儒艮易染肺炎死去。水质差时，儒艮易出现皮肤溃疡、内寄

图4-5　儒艮

生虫等。儒艮喜成群活动，以2～3头的家族群为单位，虽然常单独行动，但也会组成6头左右的小群体，有时会达数百头以上。儒艮生性害羞，只要稍稍受到惊吓，就会立即逃避，但行动速度不快，一般情况下每小时可游动3.7千米左右，在逃跑时时速也不过9.3千米，一般而言每天会游动25千米左右的距离。

自4000年前起，人类便开始对儒艮进行捕杀，迄今儒艮数量已极为稀少。

（二）国家二级保护动物

1. 蠵龟

蠵龟是海龟科蠵龟属的一种动物，是现存最古老的爬行动物之一，主要捕食底栖或漂浮的甲壳动物、软体动物，特别是头足类动物、水母和其他无脊椎动物，偶尔吃鱼卵，也吃海藻等植物性食物。

蠵龟体形较大，体长1～2米，背甲长74～87厘米，宽53～70厘米。壳高272～330毫米，呈心形，末端尖狭而隆起。头较大，宽127～180毫米，头背鳞片对称排列，前额鳞两对，其间常有1枚小鳞。顶鳞大，单枚，后缘中线常有纵裂纹；额顶鳞4～7枚，眶后鳞3～4枚。两颚相向钩曲，上颚稍长于下颚，下颚边缘无齿状突。下颚腹侧各有3～4枚颏片。体表盾片镶嵌排列。颈盾宽短，单枚，个别标本分裂为二。椎盾5～6枚，肋盾一般为5对，偶有一侧为4枚或6枚者。除间或有一侧肋盾为4枚而不与颈盾相接外，正常情况下第一对肋盾与颈盾相接。最后一对缘盾间常有凹缺，与相邻缘盾一起略呈锯齿状。甲桥具3对下缘盾，其后缘无孔。四肢呈桨状，前肢前缘长430～850毫米，后肢前缘长270～350毫米，均具1～2爪。前肢前缘有一列起棱的大鳞，余皆不规则。头背呈棕红色，头侧呈淡棕色，头腹及颚呈黄色，颈背色深。眼大，虹膜及眼周棕黑色。背甲棕红色，有不规则的土黄色或黑色斑纹。腹甲色浅，呈柠檬黄色，无斑纹。四肢背面亦为棕红色（图4-6）。

蠵龟主要栖息于温水海域，特别是大陆架一带，经常出没于珊瑚礁中，也进入海湾、河口、咸水湖等地。

图4-6　蠵龟

2.绿海龟

绿海龟属龟鳖目海龟科海龟属，以鱼类、头足纲动物、甲壳纲动物及海藻为食，生活在大西洋、太平洋和印度洋中。

　　绿海龟体长可达1米多，寿命最长为150岁左右。雄性背甲长84厘米，雌性背甲长46厘米。吻部短圆，上颚前端不呈钩曲状，其角质的内表面有两条垂直的角嵴；下颚略向上钩曲，颚缘具强锯齿，咀嚼面有一道由短的尖齿突连接而成的中嵴。头背具对称大鳞片，前额鳞1对。背甲呈心形，盾片平铺镶嵌排列。颈盾短而宽，与相邻缘盾并列。椎盾5枚，第一枚呈扇形，第二枚至第四枚呈六边形，第五枚呈梯形。肋盾4对，第一对肋盾不与颈盾相接。每侧有缘盾11枚。腹甲平坦，前缘、后缘呈圆弧形，前部有1枚三角形的间喉盾。背甲呈橄榄绿色或棕褐色，杂有黄白色的放射纹。腹甲呈黄色。头及四肢为棕褐色。绿海龟适应在水中生活，四肢变成鳍状，如桨，前肢长于后肢，内侧各有一爪，利于游泳。头、颈和四肢不能缩入甲内（图4-7）。

　　绿海龟一般仅在繁殖季节离水上岸。4～10月为其繁殖季节，雌雄海龟常在礁盘或沿岸水域交配，交配后雌龟于晚间爬上岸边沙滩掘坑产卵，先用前肢挖一个深度与体高相当的大坑，伏于坑内，再由后肢交替动作挖一个口径20厘米、深50厘米左右的"卵坑"，产卵于"卵坑"内。产卵一般在夜晚10时至翌晨3时进行，产卵结束后，雌龟将卵坑用

图4-7 绿海龟

沙覆盖后离滩返海。雌龟每年可产卵23次，每次产卵91～157枚，多者可达238枚。卵呈白色，圆球形，卵壳革质而韧软，卵径为35～58毫米。孵化期为30～90天，通常为45～60天，幼龟一出壳即爬回海水中生活。我国广东省惠州市惠东县沿海及海南的西沙群岛沿岸均为绿海龟产卵繁殖地。

3. 太平洋丽龟

太平洋丽龟是海龟中体形最小的一种，体长60～70厘米，体重约12千克。头背具前额鳞2对。肋盾多，有6～9对，第一对与颈盾相切。腹部有4对下缘盾，每枚盾片的后缘有一小孔。太平洋丽龟身体及四肢背面呈暗橄榄绿色，腹甲呈淡橘黄色（图4-8）。太平洋丽龟杂食，主要捕食底栖及漂浮的甲壳动物、软体动物、水母及其他无脊椎动物，偶尔食鱼卵，亦吃植物性食物。太平洋丽龟在沿海滩涂繁殖，于每年9月至翌年1月产卵，繁殖时有集群上岸产卵的现象，产卵后在巢区附近海域或分散在觅食地活动。太平洋丽龟栖息于热带海域，生活在水深80～110米的水域。

图4-8 太平洋丽龟

4. 棱皮龟

棱皮龟属棱皮龟科棱皮龟属。棱皮龟体形大，是龟鳖目中体形最大者，壳长104～150厘米，宽56～90厘米，高29～49.5厘米，体重均达100千克以上。它们头大，颈短，头宽133～220毫米。上颚前端有2个大三角形齿突，其间有一凹口，承受下颚强大的喙。头、四肢及身体均覆以革质皮肤，无角质盾片。体背具7行纵棱，腹部有5行纵棱，因而得名。四肢呈桨状，无爪。前肢特别发达，前肢前缘长72～101厘米，后肢前缘长29.8～48厘米，前肢长约为后肢的2倍多。尾短，尾与后肢间有皮膜相连。棱皮龟幼龟体表及四肢均覆以不规则的多角形小鳞片，最大的鳞片分布在背甲和腹甲。此外，头背与头侧亦具有对称的鳞片。成体龟鳞片消失，代之以革质的皮肤。成体龟背部呈暗棕色或黑色，杂以黄色或白色的斑点；腹部呈灰白色。幼龟背部呈灰黑色，身体上的纵棱和四肢的边缘为淡黄色或白色；腹部呈白色，有黑斑（图4-9）。

棱皮龟属于变温的爬行动物，但从热带到北极地区的棱皮龟都能在水中维持25℃的体温。虽然它的基础代谢率远远低于哺乳动物，但其绝缘体积效应能帮助它保持着足够的热量。在温暖的气候下，棱皮龟会增加输送到四肢末端的血流量，从而大量提高其热损耗，即大量散热。棱皮龟的视力不好，因此，它们常常会把海面漂浮的塑料袋或者其他垃圾当作水母

图4-9　棱皮龟

吃掉而造成肠道阻塞，结果导致大量的棱皮龟死于人类制造的白色垃圾。由于棱皮龟四肢巨大，并且进化成桨状，可持久而迅速地在海洋中游泳，故有"游泳健将"之称。棱皮龟为杂食性，主要以鱼、虾、蟹、乌贼、螺、蛤、海星、海参、海蜇和海藻等为食，甚至会捕食长有毒刺细胞的水母。它的嘴里没有牙齿，但是在食管内壁有大而锐利的角质皮刺，可以将食物磨碎，然后再进入胃、肠进行消化吸收。棱皮龟是一种生活在远洋的动物，主要栖息于热带海域的中上层，偶尔也见于近海和港湾地带。

5. 玳瑁

玳瑁体形较大，背甲曲线长65～85厘米，体重为45～75千克。背甲呈棕红色，有光泽，有浅黄色云斑；腹甲为黄色，有褐斑。头及四肢背面的盾片均为黑色，盾缘色淡。吻长，侧扁。上颚前端钩曲呈鹰嘴状，下颚骨纤细，下颚联合长，仅略短于眼的纵径。颚缘无锯齿，但具纤细的斜直条纹。头背具对称大鳞，前额鳞2对。颈前部、喉、颏部具若干小鳞。背甲较扁平，呈心形，盾片呈明显的覆瓦状排列（图4-10）。

玳瑁是海洋中较大而凶猛的肉食性动物，主要捕食鱼类、虾、蟹和软体动物，偶尔也吃海藻。它们生活在亚洲东南部海域和印度洋等热带和亚热带海洋中，主要栖息于沿海的珊瑚礁、海湾、河口和清澈的潟湖等相对较浅的水域，筑巢通常选择在偏远、孤立的沙滩。玳瑁一般在海

图4-10 玳瑁

深18.3米以上的水域中活动，其一生中会在几个环境完全不同的栖息地生活。成年玳瑁主要在热带珊瑚礁中活动，白天时它们会在珊瑚礁中的许多洞穴和深谷中进进出出，珊瑚礁中的洞穴和深谷给它们提供休息的地方。作为一种常常洄游迁徙的海龟，它们的栖息地各种各样，包括广阔的海洋、礁湖甚至是入海口处的红树林沼泽。至今人们对处于生命早期阶段的幼年玳瑁所偏好的栖息地仍知之甚少，但人们推测它们像其他幼年海龟一样在大海中过着浮游生物般的生活，直到成年时才会离开它们的家。

6. 克氏海马鱼

克氏海马鱼属海龙目海龙科海马属，是一种小型鱼类，体形奇特，头部的形状酷似马头，尖端生有5个短小的棘，颈部转了一个弯，使头与躯干形成直角，身体的表面也没有大多数鱼类具有的鳞片，呈侧扁形，外面被环状的骨板所包裹，还有很多平行的体环，在躯干部有11环，在尾部有39～40环，看上去仿佛是披着铠甲的战马，所以被称为"海马鱼"。

克氏海马鱼为海马属中相对个体较大的种类，体长305～325毫米，全身均呈淡黄色，体侧具有一些不规则的白色线状斑点。吻部细长，呈管状。眼睛较小，位于头部的两侧，位置较高，两个眼睛靠得较近，两眼之间的间隔小于眼睛的直径。鼻孔很小，每侧有两个，相距也甚为接近，紧位于眼的前方。口较小，位于头的前端，口内没有牙齿。鳃孔较小，位置在近头侧的背方，呈裂缝状。鳃盖凸出，但没有放射状的纹。躯干部呈七棱形，腹部很凸出。尾部呈四棱形，细长而能卷曲。从头部的顶端到尾尖，有一条明显的栉状脊椎。头部及腹侧的棱棘较为发达，躯体上的各棱棘较为短而锐利，呈瘤状突起。背鳍长而发达，鳍条18～19个，位于躯干部最后2个体环及尾部最前2个体环的背方。臀鳍较为短小，鳍条4个。胸鳍短而宽，略呈扇形，没有腹鳍及尾鳍。各个鳍均没有棘，鳍条也均不分枝（图4-11）。

克氏海马鱼在我国主要分布在东海、南海海域，具有较高的药用价值和观赏价值，也因此导致被过度捕捞，使得天然资源显著下降。

图4-11　克氏海马鱼

7. 文昌鱼

文昌鱼又称蛞蝓鱼，长约50毫米，无头，两端尖细。体侧扁，半透明，脊索贯穿全身。前端有眼点。口藏于口笠内，口笠边缘有38～50条缘膜触手。具背鳍、臀鳍和尾鳍。腹部有1对腹褶。雌雄异体，生殖腺左右成对排列（图4-12）。栖息于疏松沙质海底，常钻入沙内，仅露出前端，滤食硅藻及小型浮游生物。春末夏初繁殖，幼鱼经短暂浮游期后即钻入沙中成长。

文昌鱼在我国分布于河北省东部、山东省青岛市和烟台市、福建省厦门市以及广西壮族自治区北海市合浦县沿海。历史上以厦门同安刘五店产量最多，曾形成世界唯一的文昌鱼渔场。文昌鱼鲜品清津味美，干品更是名贵食品。此外，它还是无脊椎动物进化至脊椎动物的过渡类型，也是研究脊索动物演化和系统发育的优良科学实验材料，具有重要的科学价值。

8. 小鳁鲸

小鳁鲸又称小须鲸、尖嘴鲸，为小型须鲸的一种，主要以虾类及小型鱼类为食。成年鲸体长9米，最大者体重为13.5吨。体形短粗，头部较小，上额前端比较尖锐，正面形似等腰三角形。背部与体侧呈带有浅蓝色的暗灰色或黑灰色，腹面呈白色，尾鳍腹面也呈白色。小鳁鲸鳍的肢中央部分有一条宽20～35厘米的白色横带，南极海域的小鳁鲸亚种则没有此白色横带（图4-13）。

小鳁鲸主要分布于太平洋及大西洋，在中国主要分布在渤海、黄海、东海、南海海域，冬、春季多游向低纬度水域，夏、秋季则索饵达高纬度水域。它们通常单独活动或2～3头群游，在索饵场有时形成大群。呼吸时喷出的雾柱细而稀薄，高达1.5～2米，消失很快。躯体露出水面部分比其他鲸多，背部露出较高。

9. 伪虎鲸

伪虎鲸又名拟虎鲸、伪领航鲸、拟逆戟鲸，是海豚科伪虎鲸属唯一的物种（图4-14）。伪虎鲸的体形在海豚科中排名第三。其外形与虎鲸类

图4-12　文昌鱼

图4-13　小鳁鲸

图4-14　伪虎鲸

似，但体形比虎鲸小，体长约5米，体重约665千克，体形近似圆柱形，匀称而细长。其全身的体色均为黑色。头圆，无喙，上颌比下颌略前突。上颌的牙齿一般略少，牙齿大而尖，长8厘米，直径为1.5～2厘米，横切面呈圆形。16对肋骨中前6对是双头肋骨，前6个颈椎愈合。背鳍比虎鲸小，鳍肢很尖，长度约为体长的十分之一，后缘凹入，位于身体中部略前位置，向后显著弯曲。前缘中部突出，末端尖。尾鳍的宽度约为体长的五分之一。口大，口裂朝着眼睛的方向切入，使得它的面孔显得十分可怖。

伪虎鲸分布于除北冰洋外的世界各大洋的温带及热带海域，在中国主要分布在渤海、黄海、东海、南海和台湾海峡。伪虎鲸是高速、活跃的泳者。当它浮升时，经常将整个头部与躯体的大部分扬出水面，有时甚至连胸鳍都看得见。兴奋时，它会优雅地跃离水面，并用鲸尾击浪。伪虎鲸喜群居，同伴间眷恋性很强，很少单独活动。在伪虎鲸群体里有时会分出较小的组或家族，平均18头为一组，家族包括所有年龄段的雄性伪虎鲸和雌性伪虎鲸。

10. 江豚

江豚（图4-15）体形较小，头部钝圆，额部隆起稍向前凸起。吻

图4-15　江豚

部短而阔，上颌、下颌几乎一样长。牙齿短小，左右侧扁呈铲形。眼睛较小，很不明显。身体的中部最粗，横剖面近似圆形。背脊上没有背鳍，鳍肢较大，具有5指。尾鳍较大，呈水平状，两尾叶水平宽约为体长的四分之一。背的后半部有较明显的隆起鳍，在应该有背鳍的地方生有宽3~4厘米的皮肤隆起，并且具有很多角质鳞。

江豚生活于靠近海岸线的浅水区，包括浅海湾、红树林沼泽、河口和一些大的河流中。它们的食物包括青鳞鱼、玉筋鱼、鳗鱼、鲈鱼、鲚鱼、大银鱼等鱼类和虾、乌贼等，食物选择随着所处的环境不同而改变。

11. 宽吻海豚

宽吻海豚又称尖嘴海豚、胆鼻海豚，主要分布在温带和热带的各大海洋中，包括中国的黄海、渤海等海域。宽吻海豚常在靠近陆地的浅海地带活动，较少游向深海，一般随着水温和食物分布的变化可作向岸或离岸的洄游。和所有海豚一样，宽吻海豚长着和鱼一样的流线型身体，皮肤光滑无毛，体背面呈泛蓝的钢铁色和瓦灰色，腹部有很明显的凸起。宽吻海豚吻较长，嘴短小，嘴裂外形似乎总是在微笑（图4-16）。

图4-16　宽吻海豚

宽吻海豚通常的游速为每小时5～11千米，在短时间内，游速最高可以达到每小时70千米。宽吻海豚游速惊人不仅是因为其身体呈流线型，还因为其特殊的皮肤构造。它的皮肤外表十分光滑，里面是海绵状结构，有很多乳突，乳突之间充满液体，犹如无数充满流体的细管。当宽吻海豚的皮肤表面感受到海水紊流的压力变化时，细管内的流体就随着这种压力的改变流出或流入，使紊流的部分能量被吸收，所以在高速游动时不会造成严重的紊流，还能将紊流变成层流，大大地减少了水的摩擦阻力，使其在游动时既省力又快速。

宽吻海豚有时会全身跃出水面1～2米高，特别是在暴风雨到来之前这种活动更为频繁。它们每隔5～8分钟必须浮上水面用呼吸孔换气。宽吻海豚的睡眠很浅，有科学家认为宽吻海豚大脑的两个半球交替着休息和工作。

宽吻海豚喜欢群居，通常十几只组成一群生活，它们会长期保持这种社会结构。通常由雌性宽吻海豚和它们的幼崽组成一群。生活在离岸深水水域的宽吻海豚群可以联合成一个拥有上百只宽吻海豚的大群，成员有时包含其他种类的海豚甚至领航鲸，有时会同伪虎鲸群一起混游。宽吻海豚平时性情温和，尤其是被人驯服的海豚，但有时候也表现出攻击性。雄性宽吻海豚会因为争夺地位和配偶而打斗，通过彼此撞击头部来展现力量。宽吻海豚的食物主要包括带鱼、鲅鱼、鲻鱼、沙丁鱼等群栖性的鱼类，偶尔也吃乌贼或蟹类等其他动物。

（三）广西重点保护物种

1. 东方鲎

东方鲎（图4-17）分布于中国、印度尼西亚、日本、马来西亚、菲律宾和越南，体长可达60厘米，体重3～5千克。

图4-17　东方鲎

鲎由三部分组成：头胸甲略呈马蹄形；腹部呈六角形，两侧具棘刺；尾部是一根长的尾剑。鲎似蟹，但比蟹大，它们虽然都具有关节的附肢，但鲎和蟹的亲缘关系远不如鲎和蜘蛛密切。鲎和蜘蛛的第一对附肢均呈螯状，且都有4对足。鲎的附肢基部有许多刺状突起，它们围在口的周围来咀嚼食物。鲎生活在浅海沙质海底，是肉食性动物，主要取食环节动物和软体动物等，有时也取食海底藻类。东方鲎的生长周期很长，需要近13年才能完成繁殖。鲎的血液因含有铜离子而呈蓝色。

2. 刁海龙

刁海龙是海龙科拟海龙属的一种生物，其外形与海马相似，尾部可以弯曲，借以勾住藻类等物体，体色具保护色，会随周围环境的变化而改变。刁海龙一般体长250～400毫米，质量10～50克，最大者体长可达500毫米，体重超过70克。

刁海龙体形延长，侧扁，头部与体轴成大钝角，躯干部呈五棱形，尾部后方逐渐变细，尾端卷曲。腹部中央棱特别突出，体上棱嵴粗糙，各骨环中央及各间盾均形成一个颗粒状突起棘。头长。吻长，成管状。口小，前位。两颊短小，略可伸缩。无牙，鳃盖突出，具明显的放射状条纹。鳃孔很小，裂孔状，位于头侧背缘。体无鳞，完全包于骨环中。背鳍较长，位于尾部，起于尾环迎第一节，止于第十或第十一节。臀鳍短小，贴近肛门后方。胸鳍短宽，侧位较低。无尾鳍。身体呈橘黄色或黄褐色，头颈部较淡，鳍均为白色，在较大的个体中，躯干部上侧棱骨环连接处有一列褐色斑点。

3. 马氏珠贝

马氏珠贝（图4-18）又称合浦珠贝，是重要的海水养殖贝类和生产珍珠的主要母贝。其贝壳呈斜四方形，背缘略平直，腹缘呈弧形，前缘、后缘呈弓状。前耳突出，近三角形；后耳较粗短。边缘鳞片致密，末端稍翘起。左壳稍凸，右壳较平，右壳前耳下方有明显的足丝凹陷，足丝呈毛

图4-18　马氏珠贝

发状。壳内面铰合线较平直，铰合部有1主齿，沿铰合线下方有一长条齿片。韧带黑褐色，约与铰合线等长。壳内面珍珠层较厚，坚硬，有光泽。角质层呈灰黄褐色，间有黑褐色带。

马氏珠贝生活在热带、亚热带海域，在中国分布于广西、广东和台湾海峡南部沿海一带。其自然栖息于水温10℃以上的内湾或近海海底，栖息地水深一般在10米以内，适宜水温范围为10～35℃，在6～7℃或36～40℃时死亡，分布范围较窄。成体终生以足丝附着在岩礁石砾上生活。马氏珠贝一般0.5龄开始性成熟，通常先为雄性个体，经性转换成雌性个体，也存在少数雌雄同体现象。夏、秋季水温为25～30℃时是其繁殖盛期。

四、油气矿产

北部湾蕴藏着丰富的石油和天然气资源，有北部湾盆地、莺歌海盆地和合浦盆地三个含油沉积盆地。北部湾盆地具有良好的生储油条件，据有关专家推测，其具有12.6亿吨的石油和天然气储量，现已探明含油气面积为45.87平方千米，地质储量为1.157亿吨。莺歌海盆地已发现局部构造117个，初步探明含油气面积为53075平方千米，天然气储量为911.83亿立方米，远景石油地质储量近6亿吨，是我国目前海陆勘探所发现的最大海上天然气田。合浦盆地探明石油储量为3.5亿吨，是全国最有开发前景的八大石油小盆地之一。

（一）石油

石油是一种黏稠的深褐色液体，是烷烃、环烷烃、芳香烃的混合物，被称为"工业的血液"。石油的成分主要有油质、胶质、沥青质、碳质。北部湾盆地位于南海西北部、海南岛以西的大陆架上，其新生沉积平均厚度为3000米，基本石油地质条件优越。目前北部湾海域已发现含油构造圈闭数41个，估计石油储量达11亿吨。

（二）天然气

天然气是存在于地下岩石储集层中以烃为主体的混合气体的统称，比重约为0.65，比空气轻，具有无色、无味、无毒的特性。天然气主要成分为烷烃，其中甲烷占绝大多数，另有少量的乙烷、丙烷和丁烷。此外，一般还含有硫化氢、二氧化碳、氮、水、少量一氧化碳及微量稀有气体，如氦和氩等。天然气按在地下存在的相态可分为游离态、溶解态、吸附态和固态水合物。只有游离态的天然气经聚集形成天然气藏，才可开发利用。采用天然气作为能源，可减少煤和石油的用量，从而大大改善环境污染问题，并有助于减少酸雨形成，舒缓地球温室效应，从根本上改善环境质量。

天然气作为汽车燃料，具有单位热值高、排气污染小、供应可靠、价格低等优点。天然气汽车已成为发展最快、使用量最多的新能源汽车之一。

自1979年开始，我国与美国、英国、法国等10多个国家的40多家公司签订协议，对北部湾海域进行地球物理勘探和地震普查，发现了大量油气构造。1982年2月，中国海洋石油总公司下属的湛江南海西部石油公司成立，加速了北部湾油气勘查和开发的步伐。自我国开展海上对外合作勘探开发油气工作以来，在北部湾盆地共钻探了36口井，其中有15口井发现了工业油气流，还发现了7个油气田。1986年10月，中国海洋石油公司、南海西部石油公司、法国埃尔夫公司、挪威国家石油公司、日本北部湾石油开发公司合资开发的北部湾"涠10-3"油田投产。1988年8月在中法合作开发的"涠10-3"构造油田上打了4口勘探井，获得高产油气流，其中2口井日产原油千吨以上，日产天然气18万立方米。1989年11月，中国自行开发的"涠10-3N"油田竣工投产，年产油气100多万吨。

（三）金属矿产

北部湾矿产资源丰富，锰矿、铝土矿、锡矿和铅锌矿是北部湾的优势矿产资源。其中以铁矿有较大开发潜力，其余矿种储备量均在1000万吨以下。

1. 铁

铁（图4-19）在生活中分布较广，占地壳含量的4.75%，仅次于氧、硅、铝，位居地壳元素含量第四位。纯铁是柔韧而延展性较好的银白色金属，可用于制造发电机和电动机的铁芯；还原铁粉可用于粉末冶金；钢铁可用于制造机器和工具。铁及其化合物还可用于制磁铁、药物、墨水、颜料、磨料等，是工业上所说的"黑色金属"之一。

图4-19　铁矿石

2. 锰

　　锰（图4-20）是一种灰白色、硬脆、有光泽的过渡金属，纯净的金属锰是比铁稍软的金属，含少量杂质的锰坚硬而脆，置于潮湿处会氧化。锰广泛存在于自然界中，土壤中锰含量为0.25%，茶叶、小麦及硬壳果实含锰较多。工业上可以用通直流电电解硫酸锰溶液的方法制备金属锰。在钢铁工业中锰主要用于钢的脱硫和脱氧，也用作合金的添加料，以提高钢的强度、硬度、弹性极限、耐磨性和耐腐蚀性等。在高合金钢中，锰还用作奥氏体化合元素，用于炼制不锈钢、特殊合金钢、不锈钢焊条等。此外，锰还用于有色金属、化工、医药、食品、分析和科研等方面。

　　中国锰矿资源较多，分布广泛，在全国21个省（区）有产出。我国探明储量的锰矿区有213处，总保有储量为矿石5.66亿吨，居世界第三位。中国富锰矿较少，在保有储量中仅占6.4%。从地区分布上看，以广西、湖南锰矿资源最为丰富，占全国总储量的55%；贵州、云南、辽宁、四川等地次之。从矿床成因类型来看，我国锰矿资源以沉积型锰矿为主，如广西下雷锰矿、贵州遵义锰矿、湖南湘潭锰矿、湖南永州零陵区珠山镇锰矿、辽宁瓦房子锰矿、江西乐平锰矿等，其次为火山沉积矿床（如新疆莫托沙拉铁锰矿床）、受变质矿床（如四川虎牙锰矿）、热液改造锰矿床（如湖南玛瑙山锰矿）、表生锰矿床（如广西钦州锰矿）。

图4-20　锰矿石

3. 铜

铜（图4-21）是一种过渡元素。纯铜是柔软的金属，表面刚切开时为红橙色带金属光泽，单质呈紫红色。铜的延展性好，导热性和导电性高，因此是电缆和电气、电子元件最常用的材料，也可用作建筑材料，还可以组成多种合金。铜合金机械性能优异，电阻率很低，其中最重要的是青铜和黄铜。此外，铜也是耐用的金属，可以多次回收而无损其机械性能。二价铜盐是最常见的铜化合物，其水合离子常呈蓝色，由氯做配体则显绿色，是蓝铜矿和绿松石等矿物颜色的来源，历史上曾将其广泛用作颜料。铜质建筑结构受腐蚀后会产生铜绿。装饰艺术主要使用金属铜和含铜的颜料。铜是人类最早使用的金属之一。早在史前时代，人们就开始采掘露天铜矿，并用获取的铜制造武器、工具和其他器皿，铜的使用对早期人类文明的进步影响深远。铜是一种存在于地壳和海洋中的金属。铜在地壳中的含量约为0.01%，在个别铜矿床中，铜的含量可以达到3%～5%。自然界中的铜，多数以化合物即铜矿石的形式存在。铜的活动性较弱，铁单质与硫酸铜反应可以置换出铜单质。铜单质不溶于非氧化性酸。

图4-21　铜矿石

4. 镍

镍（图4-22）近似银白色，是硬而有延展性并具有铁磁性的金属元素，它能够高度磨光并抗腐蚀。镍属于亲铁元素。在地核中含大量的天然镍铁合金。世界上的红土镍矿多分布在赤道线南北纬30°以内的热带国家，集中分布在环太平洋的热带、亚热带地区，主要有美洲的古巴、巴西，东南亚的印度尼西亚、菲律宾，大洋洲的澳大利

图4-22　镍矿石

亚、新喀里多尼亚、巴布亚新几内亚等。中国镍矿分布就地区来看，主要分布在西北、西南和东北。就各省来看，甘肃储量最多，其次是新疆、云南、吉林、湖北和四川。其中甘肃金昌的铜镍共生矿床，镍资源储量巨大，仅次于加拿大萨德伯里镍矿，居世界第二，亚洲第一。

5. 钴

钴（图4-23）是银白色金属，表面呈银白色略带淡粉色，比较硬而脆，有铁磁性，加热到1150℃时磁性消失。在常温下不和水作用，在潮湿的空气中也很稳定。

钴的物理性质、化学性质决定了它是生产耐热合金、硬质合金、防腐合金、磁性合金和各种钴盐的重要原料。钴基合金或含钴合金钢用作燃气轮机的叶片、叶轮、导管、喷气发动机、火箭发动机、导弹的部件和化工设备中各种高负荷的耐热部件，它也是原子能工业的重要金属材料。钴作为粉末冶金中的黏结剂能保证硬质合金有一定的韧性。磁性合金是现代化电子和机电工业中不可缺少的材料，可用来制造声、光、电和磁等器材的各种元件。钴也是永久磁性合金的重要组成部分。在化学工业中，钴除用于高温合金和防腐合金的制造外，还用于有色玻璃、颜料、珐琅及催化剂、干燥剂等的制造。钴在电池工业中的消费量增长率最高。钴在蓄电池行业、金刚石工具行业和催化剂行业的应用也在进一步扩大，表现为社会对金属钴的需求呈上升趋势。单独钴矿床一般分为砷化钴矿床、硫化钴矿床和钴土矿矿床三类。钴除单独矿床外，大量分散在矽卡岩型铁矿、钒钛磁铁矿、热液多金属矿、各种类型铜矿、沉积钴锰矿、硫化铜镍矿、硅酸镍矿等矿床中，其品质虽差，但矿床规模往往较大，是提取钴的主要原料。

图4-23 钴矿石

6. 铅

铅（图4-24）是一种柔软、延展性强的弱金属，有毒，也是重金属。铅原本的颜色为青白色，在空气中表面很快被一层暗灰色的氧化物覆盖。铅可用于制作铅酸蓄电池、弹头、炮弹、焊接物料、钓鱼用具、渔业用具、防辐射物料、奖杯和部分合金（如电子焊接用的铅锡合金），也用于建筑业。目前世界上炼铅以火法炼铅为主，火法炼铅一般包括原料准备、还原熔炼制取粗铅和粗铅精炼三大工序。烟气制酸、烟尘综合回收以及从阳极泥回收金银等贵金属也是火法炼铅工艺的重要组成部分。

铅在地壳中含量不高，自然界中存在少量的天然铅。但由于含铅矿物聚集，熔点又很低，铅在远古时代就已被人们所利用。方铅矿直到今天都是人们提取铅的主要来源。远古时代人们偶然把方铅矿投进篝火中，它首先被烧成氧化物，然后受到碳的还原，形成了金属铅。铅表面在空气中能生成碱式碳酸铅薄膜，防止内部再被氧化。

图4-24　铅

7. 锌

锌（图4-25）是一种浅灰色的过渡金属，在地壳中的含量仅次于铁、铝及铜。其外观呈银白色，在现代工业中的电池制造领域有不可替代的地位。另外，锌是人体必需的微量元素之一，在人体生长发育、生殖遗传、免疫、内分泌等重要生理过程中起着极其重要的作用。锌的单一矿较少，锌矿资源主要是铅锌矿。中国铅锌矿资源比较丰富，全国除上海、天津、香港外，均有铅锌矿产出，产地有700多处，保有铅总储量为3572万吨，锌总储量为9384万吨，均居世界第四位。全国锌储量以云南为最高，内蒙古次之，甘肃、广东、广西、湖南等省区的锌矿资源也较

图4-25　锌

丰富，均在600万吨以上。我国的铅锌矿主要分布在滇西兰坪地区、滇川地区、南岭地区、秦岭—祁连山地区以及内蒙古狼山—渣尔泰地区。从矿床类型来看，有与花岗岩有关的花岗岩型、矽卡岩型、斑岩型矿床，有与海相火山有关的矿床，有产于陆相火山岩中的矿床，有产于海相碳酸盐、泥岩-碎屑岩系中的铅锌矿，有产于海相或陆相砂岩和砾岩中的铅锌矿等。铅锌矿成矿时代从太古宙到新生代皆有，以古生代形成的铅锌矿资源最为丰富。

8. 锰结核

锰结核（图4-26）又称多金属结核、锰矿球、锰矿团、锰瘤等，是一种铁、锰氧化物的集合体，颜色常为黑色和褐黑色。锰结核的形态多样，有球状、椭圆状、马铃薯状、葡萄状、扁平状、炉渣状等。锰结核的尺寸变化较大，从几微米到几十厘米的都有，最重的有几十千克。从1983年起，我国在北部湾先后进行了多次海底矿产资源勘查，发现有重大开发价值的海底锰结核矿藏。锰结核是深海底部含几十种金属的结壳块体，广泛分布于太平洋海底表层。作为西太平洋典型边缘海之一的北部湾，其深海平原有着类似大洋锰结核的铁锰沉积物——铁锰微粒。铁锰微粒呈褐黑色，有暗淡金属光泽，质地疏松，比重小于2.8，一般粒度多为细沙级，粒径为0.063～0.25毫米，最大可达3毫米，团粒状。铁锰微粒矿物组成以铁锰氧化物和氢氧化物的非晶质相为主，其次为纳水锰矿。其化学成分以锰为主，同时还含有铁、镍、铜、钴、锌等30多种元素。

图4-26　锰结核

（四）非金属矿产

沸石（图4-27）是一种矿石，最早发现于1756年。瑞典的矿物学家克朗斯提发现有一类天然硅铝酸盐矿石在灼烧时会产生沸腾现象，因此命名为沸石。沸石族矿物所属晶系不一，晶体多呈纤维状、毛发状、柱状，少数呈板状或短柱状。沸石具有离子交换性、吸附分离性、催化性、稳定性、化学反应性、可逆的脱水性、电导性等。沸石主要产于火山岩的裂隙或杏仁体中，与方解石、石髓、石英共生；亦产于火山碎屑沉积岩及温泉沉积中。全世界已发现天然沸石40多种，其中最常见的有斜发沸石、丝光沸石、菱沸石、毛沸石、钙十字沸石、片沸石、浊沸石、辉沸石和方沸石等。目前已被大量利用的是斜发沸石和丝光沸石。各种纯净的沸石均为无色或白色，但可因混入杂质而呈各种浅色，具玻璃光泽。沸石可以借水的渗滤作用进行阳离子的交换，其成分中的钠、钙离子可与水溶液中的钾、镁等离子交换，工业上用来软化硬水。沸石的晶体结构是由硅氧四面体连成三维的格架，格架中有各种大小不同的空穴和通道，具有很大的开放性。碱金属或碱土金属离子和水分子均分布在空穴和通道中，与格架的联系较弱。不同的离子交换对沸石结构影响很小，但使沸石的性质

图4-27　沸石

发生变化。晶格中存在大小不同的空腔，可以吸取或过滤大小不同的其他物质的分子。工业上常将其作为分子筛，以净化或分离混合成分的物质，如进行气体分离、石油净化及处理工业污染等。

五、滨海旅游

滨海旅游是一种休闲旅游与观光游览相结合的综合性旅游项目，具有形式丰富多彩，集知识性、娱乐性、参与性于一体的特点。它以著名的海蚀地貌、珊瑚礁、红树林、火山岛屿景观等丰富的旅游资源吸引着世界各地的游客，成为21世纪的旅游热点之一。

广西北部湾滨海地区包括北海、钦州两市辖区和防城港市港口区、防城区、东兴市等地的陆地及近海海域。其滨海旅游资源不仅具有现代国际旅游所追求的阳光、海水、沙滩、绿色四大要素，而且文化底蕴厚重，具备发展滨海旅游业的良好条件。广西北部湾的旅游资源包括有"天下第一滩"之称的北海银滩、中国最大最年轻的火山岛涠洲岛、有"南国蓬莱"美誉的钦州七十二泾、"中华白海豚之乡"钦州三娘湾等。此外，广西各个少数民族都有独特的民族风情，包括独具特色的建筑艺术、歌舞乐曲、工艺特产、风味佳肴以及斗马、斗牛、斗鸡、斗鸟等习俗活动。广西北部湾独特的地理环境与人文艺术的完美结合，充分展现出融合了亚热带风光、边关景观和少数民族文化特点的滨海风情。

（一）砂质海岸景观

1. 银滩

银滩位于广西北海市银海区南海沿岸，处于广西南端，濒临北部湾。银滩西起侨港镇渔港，东至大冠沙，由西区、东区和海域沙滩区组成，东西绵延约24千米，海滩宽度为30～3000米，陆地面积为12平方千米，总面积约为38平方千米，面积超过大连、烟台、青岛、厦门和北戴河海滨浴场沙滩的总和，而平均坡度仅为0.05°。北海银滩的沙质为高品质的石英砂，沙滩中二氧化硅的含量高达98%，为国内外所罕见，被专家称为世界上难得的优良沙滩。在阳光的照射下，洁白、细腻的沙滩会泛出银光，故称银滩。北海银滩以其滩长平、沙细白、水温净、浪柔软、无鲨鱼等特点，被称为"中国第一滩"。

银滩景区属亚热带海洋性季风气候，冬季较短，夏季很长，春、秋季不明显且时间短。年平均气温为22.9℃，极端最高温度为37.1℃，极端最低温度为2℃。在冬季里，只要日照时间一长，日间气温就会上升，让人感觉舒适而暖和。在某些年份的春节，甚至可穿着衬衣、短裙出门而不会感觉寒冷。

北海银滩度假区由银滩公园、海滩公园、恒利海洋运动度假娱乐中心和陆岸住宅别墅、酒店群组成。度假区内的海域海水纯净，陆岸植被丰富，环境优雅宁静，空气格外清新，可容纳国际上最大规模的沙滩运动娱乐项目和海上运动娱乐项目，是中国南方最理想的滨海浴场和海上运动场所。海水浴、海上运动、沙滩高尔夫、沙滩排球、沙滩足球以及大型音乐喷泉观赏等是北海银滩旅游度假区的主要内容。银滩公园坐落在北海银滩中部，始建于1990年，于1991年6月正式对外开放。银滩公园沙滩面积为8万平方米，浴场面积为16万平方米，可同时容纳1万人入水游泳。公园内有亚洲第一大的激光音乐喷泉、世界第一的九龙玉船以及巨型不锈钢雕塑《潮》（图4-28）。

2.金滩

金滩位于广西东兴市氹尾岛上，面积为15平方千米，因沙色金黄而得名。金滩集沙细、浪平、坡缓、水暖于一身，海水清澈，是广西继北海银滩之后的又一个滨海旅游胜地（图4-29）。金滩沙色金黄，细腻而柔软，纯天然的沙滩绵延数十里。站在金滩上，迎着海风，隔着蔚蓝色

图4-28　雕塑《潮》

图4-29 七月的金滩

的海水，可以遥望西南方向水天一色的越南海景。每当潮水退下，湿漉漉的十里沙滩上，潮纹隐现、珠玑遍地，各种各样的海滩动物纷纷"崭露头角"，大大小小的螃蟹横行无忌。沙滩上常常能见到头戴金色葵叶帽，身穿彩衣的京族妇女的身影。她们集中精力、弯腰搜索，一看便知道哪片海沙底下隐藏着沙虫，紧接着，便飞快地用铁锹一插一翻，沙虫便手到擒来。整个过程一气呵成，动作十分利索，还没让人看清楚，沙虫已被她们抓进篓里了。

金滩上有一种风蟹，俗称"沙马"，营养价值极高，有"一只沙马一只鸡"之说。沙马挖沙洞而居，洞口有一堆松沙。它的洞道曲来弯去，有时挖几下即不知洞道所向。沙马跑得极快，追捕沙马是极妙的沙滩运动。

（二）河口海岸景观

1. 山口国家红树林生态自然保护区

山口国家红树林生态自然保护区是1990年9月经国务院批准建立的我国首批国家级海洋类型保护区之一。它于1993年加入中国人与生物圈，1994年被列为中国重要湿地，1997年5月与美国佛罗里达州鲁克利湾国家河口研究保护区建立姐妹保护区关系，2000年1月加入联合国教科文组织世界生物圈，2002年被列入国际重要湿地。

山口红树林生态自然保护区地处亚热带，位于广西合浦县沙田半岛东西两侧，海岸线长50千米，总面积为80平方千米，是我国大陆海岸发育较好、连片较大、结构典型、保存较好的天然红树林分布区，也是中国第二个国家级的红树林自然保护区。它由沙田半岛东侧和西侧的海域、陆域及全部滩涂组成。东侧是火山灰发育的土壤，滩涂淤泥肥沃，红树林生长特别茂盛。西岸的滩涂全为淤泥质，亦适宜红树林生长。保护区的光热条件较好，冬季低温影响小，海湾侵入内陆，封闭性好，风浪、潮汐、余流的作用较弱，岸滩比较稳定，海水污染程度很低，水质洁净，是红树林大面积分布和生存的理想区域。保护区内的红树林是我国大陆海岸红树林的典型代表，保护区内有红树植物15种，浮游植物96种，底栖硅藻158种，鱼类82种，贝类90种，虾蟹61种，鸟类132种，昆虫258种，其他动物26种。

2. 北仑河口自然保护区

北仑河口自然保护区位于广西防城港市防城区和东兴市境内，是一个以红树林生态系统为主要保护对象的自然保护区（图4–30）。保护区总面积为30平方千米，保护区海岸线全长87千米，拥有河口海岸、开阔海岸和海域海岸等地貌类型，属南亚热带海洋性季风气候区。保护区内年平均气温为22.2℃，每年5~10月常有4~5次台风或大风，年平均降水量为2500~2700毫米。保护区属海岸潮间带，区内海水常年比重为

图4-30 红树林

1.0183～1.0251，水温为11.5～31.5℃，月平均盐度为1.87%～3.29%，透明度为3～8米，水深2～15米，洁净无污染，不受淡水影响。

北仑河口自然保护区内有红树植物15种，主要红树植物种类有白骨壤、桐花树、秋茄、木榄、红海榄、海漆、老鼠簕、榄李、银叶树、阔包菊、卤蕨、水黄皮、黄槿、杨叶肖槿、海杧果等。此外，还有其他常见高等植物19种，大型底栖动物84种，鱼类27种，鸟类128种，具有较高的生物多样性。保护区内的红树林有林面积为12.60平方千米，其中老鼠簕群落分布面积较大，为国内少见。保护区内的滩涂和沿海渔业资源也相当丰富。由于保护区位于亚洲东部沿海和中西伯利亚—中国中部两条鸟类迁徙线的交汇区，所以北仑河口自然保护区也是候鸟的重要繁殖地和迁徙停歇地（图4-31）。

图4-31　候鸟

（三）火山岛景观

涠洲岛位于北部湾中部，北临广西北海市，东望雷州半岛，东南与斜阳岛毗邻，南与海南岛隔海相望，西面越南，总面积为24.74平方千米。涠洲岛经历了数百次的基性火山喷发后形成了现在岛上的地层主体（图4-32）。此外，涠洲岛还多次遭受海洋风暴、地震及其引发的海啸

图4-32　涠洲岛

等气象灾害。火山喷发、气象灾害加上平时海水与海岸的相互作用，共同造就了现今涠洲岛丰富多彩的海蚀、海积、海滩地貌。

涠洲岛的岛形近似圆形，东西宽约6千米，南北长约6.5千米。岛上地势南高北低，南部东西拱手一带最高，海拔均在75米左右，向北逐渐倾斜，到北部北港村一带海拔降至20米左右，然后逐渐过渡到平坦宽阔的沙质海滩。涠洲岛的南半部以海蚀地貌为主，无论是海蚀崖、海蚀洞，还是海蚀台、海蚀柱均发育得很成熟；北半部则以海积地貌为主，有沙堤、潟湖、沙滩及礁坪。在海蚀地貌中以南湾沿岸为典型。南湾原是南边破口的火山凹地，被海水淹没形成海湾，其周围是火山沉积岩。在海浪和潮汐的交相侵蚀下，潮间带附近的岩石首先遭到破坏，便形成了成层分布的海蚀洞穴。洞穴上部的岩石失去支持后沿垂直节理断裂或崩溃下来，形成陡峭的海蚀崖。东西拱手间近5千米长的海湾上布满这种海蚀崖，它们的高度为30～50米，坡度大于75°。海蚀台是海蚀崖不断后退而在崖脚下被保存下来的天然平台。南湾东侧猪仔岭脚下的海蚀台平坦，在其台面上可以发现很多火山弹造成的冲击坑。每当台面上的火山弹被冲走后，海浪还会挟带岩屑继续磨蚀那些坑坑窝窝，使之形成大大小小的圆桶状瓯穴。海蚀台上有时会残留一些坚硬的岩石柱体，这就是海蚀柱。猪仔岭就是一个巨大的海蚀柱，高35米，宽不足30米，长却有100米左右。

涠洲岛的海滩以宽阔平坦的沙质海滩为主，一般宽150～300米，沙砾层厚4～8米，平铺于玄武岩上部岸断间或有玄武岩出露。潮间带一般比较宽阔，最宽者可达150米。潮下带宽约60米，有珊瑚分布。珊瑚的下面就是礁坪。被波浪打碎的珊瑚残体很容易与沙砾等堆积胶结形成海滩岩。涠洲岛北港一带的海滩岩从古潟湖一直延伸到潮下带上部，覆盖于玄武岩之上。原来的火山口已变成了南湾的深水良港，火山形态十分明显，火山口为高达50～80米的弧形陡壁。

涠洲岛年平均气温为23℃，终年无霜，年平均降水量为1297毫米，干湿季明显，6～9月为雨季。涠洲岛鸟类自然保护区共有鸟类186种，分属16目52科。这些鸟类中有13种被列为受胁物种，其中濒危物种有3种，易危物种有6种，近危物种有4种；有国家重点保护鸟类29种，包括一级重点保护鸟类2种，二级重点保护鸟类27种。在186种鸟类中，候鸟占有很大的比例，有172种，而留鸟仅有14种。在候鸟中，旅鸟最多，有117种，冬候鸟有48种，夏候鸟有7种。

（四）岛群景观

1. 七十二泾

七十二泾位于广西钦州市钦州开发区西北部，在钦州著名的茅尾海内。100多个大小不一的岛屿参差错落地散布在纵横10千米的钦州湾海面上，是集自然景观和人文景观于一体的综合性生态旅游胜地（图4-33）。自明清以来七十二泾一直是钦州八景之一，古有"南国蓬莱"之称，现被称为"小澎湖"，可与中国台湾的澎湖列岛相媲美。徜徉于七十二泾，小岛环列，水道交错，青山绿水，泾深浪静，人在船上坐，舟在泾中行，仿佛置身于世外桃源，正如明代诗人董廷钦诗云："龙江一曲绕营隈，水满堤罗泾泾开。七十二溪分复合，八千万里去还来，川鲸暂隐珠帘洞，海唇

图4-33　七十二泾

频嘘碧玉台。谷口桃源如有路，渔郎误入几时回。"

七十二泾中的松飞岭、大鹏岛等是生态良好的岛屿。目前，七十二泾正在投资建设集休闲娱乐于一体的海上休闲度假区——松飞岭凤凰谷养生休闲度假区。该度假区利用松飞岭优良的生态环境开展养生健身、休闲度假、游览观赏等活动。规划建设的旅游项目和设施有旅游码头、景区生态广场、游览路网、运动康乐设施、养生山庄、钓鱼场、度假中心等。

2. 江山半岛

江山半岛状似龙头，古名白龙半岛，是广西最大的半岛。该地属于亚热带海洋性气候区，全年气候温暖，雨量充足，冬无严寒，夏无酷暑，具有明显的海洋性季风气候特点。

江山半岛旅游度假区是广西壮族自治区人民政府1994年批准的省级旅游度假开发区，位于广西防城港市防城区江山乡南部，规划面积为95.96平方千米，是东兴试验区国际经贸区的地理核心。江山半岛旅游度假区集观光、运动、休闲于一体，被誉为"旅游胜地、运动天堂"。其于2012年被评为"中国最美休闲度假旅游胜地"，2013年被列入广西创国家AAAAA级景区重点培育名单，2014年1月被评为"中国十佳海洋旅游目的地""中国最美自驾旅游目的地""中国最佳健康休闲旅游目的地"（图4-34）。

图4-34　江山半岛白沙湾海滩

（五）海港风光

1. 三娘湾

　　三娘湾地处广西北部湾沿海，位于广西钦州市犀牛脚镇南面，东与北海隔海相望，西与钦州港毗邻。其地理位置十分优越，拥有丰富独特的旅游资源（图4-35）。三娘湾不仅以中华白海豚闻名于世，还以神奇、壮丽的大潮而著名。

　　三娘湾旅游区是广西十佳景区之一，也是国家AAAA级景区，以碧海、沙滩、奇石、绿林、渔船、渔村、海潮、中华白海豚而著称。景区由三娘石、母猪石、乌雷岭、威德寺等景点组成，是著名电影《海霞》的外景拍摄地，也是中央电视台音乐电视《湾湾歌》和电视剧《海藤花》的拍摄基地。2005年，三娘湾旅游区获"广西首届十佳景区"称号，2006年成为国家AAAA级景区和全国农业旅游示范点，2007年获得"中国西部最具投资潜力旅游景区"称号。

　　自三娘湾旅游区开发以来，中国·钦州"月圆三娘湾"中秋晚会、中国沿海城市友好运动会、钦州三娘湾国际海豚节、钦州三娘湾文化节、钦

州三娘湾观潮节、"海之韵"三娘湾人体艺术摄影创作大赛等一系列大型活动均在三娘湾成功举行，在为三娘湾提供一个良好的宣传平台的同时，向世人证实了三娘湾的魅力与实力。每年6、7月在三娘湾举行的中国钦州三娘湾观潮节活动，集海天特色和人文景观于一体，吸引了大量游客。

2. 簕山古渔村

簕山古渔村地处广西防城港市企沙半岛东南面，距离防城港市行政中心约25千米，是一个面积约0.32平方千米的半岛村落。村庄树林清幽，礁石魔幻，岗楼威赫，具有较深厚的历史文化底蕴，是北部湾历史较为悠久的渔村部落。渔村属南亚热带海洋性季风气候，年平均气温为21~23℃，阳光充足，雨量充沛，热季长，气温高，且雨热同季，无霜期长达326天。

簕山古渔村因海而生，傍海而居，当地村民的主要收入来源是养殖和捕捞沙虫、牡蛎、青蟹、文蛤、对虾等海产品，因海而得福，所以对海洋抱有敬畏之心、感恩之心、企盼之心。正是这种淳朴的情绪，使人们对海洋产生了膜拜祭祀的情感和行为。民间自发举行祈求平安的祭

图4-35　三娘湾沙滩美景

海活动，将海洋文化与宗教文化相结合，形成海洋宗教文化。改革开放后，古老的祭海活动被注入崭新的时代内涵，除祈求平安丰收之外，更增添了保护海洋、人海共荣的主题。

（六）山岳景观

冠头岭位于广西北海市西尽端，距市区8千米，岭长3千米，像一条青龙横卧在市区西南端。冠头岭由主峰望楼岭与风门岭、丫髻岭、天马岭等山峦群体组成，东北延伸至石步岭南麓而止，同向潜脉与石步岭、地角岭相连。因整个山岭形状"穹窿如冠"而得名。主峰高120米，登峰可观日出日落、万顷海涛和晚上点点渔火的迷人景色。临海一面有海蚀平台陡岩，错落别致，千姿百态。冠头岭曾是海防要塞。明洪武八年（1375年），为防海寇袭扰，朝廷创设炮台于主峰之侧，现今遗迹尚存。今冠头岭已成为国家级森林公园，占地面积为2.457平方千米，园内以马尾松为主要建群树种。如今岭巅灯塔已增高，登山公路可直达岭巅。

（七）人文景观

1. 大士阁

大士阁（图4-36）又名四牌楼，位于距广西北海市合浦县城东南85千米的山口镇永安村内。大士阁因曾供奉观音大士而得名，为中国距海最近的古建筑之一。该阁建于明洪武年间，清道光年间曾重修一次，最近一次修葺是在2016年。明代至清代，合浦地区曾遭受多次风暴和地震，附近几里内庐舍倒塌，唯独大士阁岿然屹立。大士阁是合浦县保存最久的一座古建筑物，占地面积为397平方米，坐北向南。面阔三间，进深六间，分前后两阁、上下两层，两阁相连，浑然一体。穿斗式与台梁式结合的木梁架，全用坚硬的格木制成，以榫卯相连。两阁均以四柱厅为中心，上层以木板围护，下层敞开无围护。重檐歇山顶脊上均饰以精美的

图4-36　大士阁

灰雕，两侧有各种形象生动的鸟、兽、花卉浮雕。大士阁在建筑手法上保留了宋、元时期的遗风。整个建筑布局合理、协调，组成一个优美稳固的统一体，是研究南方古建筑的重要实物资料。

　　大士阁现被列为国家级重点文物保护单位。据史料记载，明初倭寇常侵扰我国东南沿海，朝廷为防御倭寇，在永安城建"千户守御所"，并在城中央建造大士阁以便于防守瞭望。其主要承重结构为36根木圆柱，围成长方形。柱脚不入土，支承在宝莲花石垫上。石垫只入土10～15厘米，下面无基础。各柱间有72根木梁连系着，屋檐有3级挑梁，每级均有木垫子承托，亭内各梁间也有木垫子作支撑。全阁梁柱均为榫卯连接，无一钉一铁，是合浦县历史悠久、建筑艺术精湛、民族特色浓郁的文物旅游景点。

2. 东坡亭

东坡亭（图4-37）位于广西北海市合浦县合浦师范学校内，于清乾隆四十一年（1776年）为纪念北宋文豪苏轼而建。该亭为歇山顶二进亭阁式砖木结构建筑，占地面积约为230平方米。苏轼62岁时，因"乌台诗案"而坐牢，从广东惠州被贬到海南岛，三年后被召回合浦，住在清乐轩。后人为了纪念他，在清乐轩故址修建东坡亭。东坡亭坐北朝南，分为前后两进。第一进为别亭，两侧有两大圆门相拱，使这间规模不大的建筑得以在平凡中透出几分不俗的气势。第二进为主亭，正门上方悬"东坡亭"三字大匾额，为广州六榕寺铁禅和尚所书，书法苍劲凝重，是整个东坡亭的灵魂所在。正面壁上，有一幅苏轼阴纹石刻像，像中的东坡居士慈善安祥，目光炯然。品其仙风道骨、大家风范，仍可感受到其吟咏"大江东去，浪淘尽，千古风流人物"时的激情澎湃与豪迈气势。石刻像的上方有"仙吏遗踪"四字，属神来之笔。虽然苏轼早已是无需刻意提

图4-37 东坡亭

示和注释的历史名人，但这题铭却妥帖得体，饱含感情，凝结了后人对苏大学士的崇敬与景仰。亭的内外墙壁上，镶有历代许多骚人墨客题咏的碑刻，书体或楷或草或隶或篆，应有尽有，堪称一部展开的书法大全。亭的四周则以回廊环绕，挡住了烈日的暴晒、风雨的摧蚀。游人漫步其间，能恬然欣赏四周景色和壁上碑刻。亭阁湖水环绕，波光潋滟，垂柳成荫，风景优美，为合浦县重点文物保护单位和合浦旅游胜地。

3.海角亭

海角亭（图4-38）位于广西北海市合浦县廉州镇的西南隅，始建于北宋景德年间，距今已将近1000年。元代海南海北道肃正廉访使范梈的《海角亭记》载："钦、廉、雷在百粤，距中国万里而远，郡南皆岸大洋，而廉又居其折，故曰海角也。"亭名由此而得。1981年海角亭经合浦县人民政府重修后，恢复了原貌。全亭分为前后两进。第一进为亭的门

图4-38 海角亭

楼，面阔三间。正门是大圆拱门，两旁是耳门。屋檐由两层砖叠突出，古朴美观。正门上方镶嵌着"海天胜境"石额。两耳门分别刻有"澄月""啸风"字样，是康熙年间襄平徐成栋所书。正门对联"深恩施粤海，厚德纪莆田"是沿用天妃庙旧联。第二进为亭的主体，呈正方形，是重檐歇山顶砖木结构亭阁式建筑。亭见后敞开，两侧大圆窗相对，四周有回廊，廊边有檐柱，亭四向上下檐之间皆是图案棂窗。屋脊雕刻精致，中央有博古图案，上置草尾伴红日，两旁鳌鱼相对，上檐角卷翘草尾，下檐角四狮雄踞，形态生动。亭正后方置一巨碑，刻着"古海角亭"四个大字。

4. 珍珠城

珍珠城（图4-39）遗址位于广西北海市铁山港区营盘镇白龙村，距北海市区约60千米。珍珠城又名白龙城，是一座古老的城池。传说古时有一条白龙飞到此地上空，落地后不见踪影，人们认为白龙降临地乃吉祥之地，便在这里建城，称为白龙城。该城濒临大海，离海不远有珍珠母海多处，尤以白龙杨梅池为最大。此地历代盛产珍珠，珍珠质优色丽，以"南珠"之称闻名于世。流传多年的民间神话故事"合浦珠还"就发生于此。珍珠城为正方形，南北长320米，东南宽233米，周长1107米，墙高6米，城基宽6米，条石为脚，火砖为墙，中心由黄土夹珠贝夯筑而成。珍珠城有东、南、西三个城门，门上有楼，可瞭望监视全城和海面，城内设采珠公馆、珠场司、盐场司和宁海寺等。城墙内外砌火砖，中心每10厘米黄土夹一层珍珠贝贝壳，层层夯实，珍珠城因此得名。城墙周围可见古代加工作坊的遗址和明代李爷德政碑、黄爷去思碑等遗迹。残贝散落，遍地皆是，可见当年采珠之盛况。

图4-39　珍珠城

第五章

广西北部湾的蓝碳资源

大家都知道，绿色植物可以吸收二氧化碳、释放氧气，因此，森林被亲切地称为"氧吧"。但很少有人知道，在我们赖以生存的蓝色星球上，最大的二氧化碳吸纳器和存储器是海洋。在自然界中通过光合作用将大气中的二氧化碳去除（吸收）、固定并保存下来的碳，是所谓的绿碳。如果这个过程发生在海洋里，那就是蓝碳。蓝碳是指通过海洋和海岸带生态系统吸收并固存的碳，涵盖了海岸带、湿地、沼泽、河口、近海、浅海和深海等海洋生境的碳汇，其储存形式主要包括生物碳和沉积物碳。海洋是地球上最大的活跃碳库，其容量约是大气碳库的 50 倍、陆地碳库的 20 倍。海洋储存了全球约 93% 的二氧化碳，吸收了工业革命以来人类活动产生的二氧化碳的 30%。目前，已知地球上 45% 的碳储存在陆地生态系统，另外 55% 的碳储存在海洋，也就是蓝碳。除此以外，陆地土壤捕获和储存的碳仅可保存几十年或几百年，而海洋中的生物碳却可以储存上千年。

一、概况

中国拥有1.8万多千米的大陆海岸线及200多万平方千米的大陆架。中国海岸带分布着各类滨海湿地，除了浅海水域、潮下水生层和珊瑚礁，还包括潮间红树林沼泽、盐水沼泽、海岸性咸水湖和淡水湖、河口水域和三角洲湿地等，面积约为5.79万平方千米，占中国湿地面积的10.85%。我国这种独特的地理环境优势，使得蓝碳成为我国碳汇事业必不可少的组成部分。我国科学家相继成立了"全国海洋碳汇联盟"和"中国未来海洋联合会"，推出了"中国蓝碳计划"，集中力量来研究我国近海及海岸典型环境中蓝碳的形成过程与调控机制，开展海岸带蓝碳现状评估、规划及增汇技术开发，建立永久性蓝碳监测站体系和信息系统，模拟气候变化与人为活动压力下的海洋生态系统实验体系大科学工程，进行陆海统筹海洋增汇的技术研发与示范，形成我国主导的蓝碳标准体系和管理体系。

海洋植物捕获碳能力极其强大且高效，虽然它们的总量只有陆生植物的0.05%，但它们的碳储量（循环量）却与陆生植物相当（表5-1）。海洋植物生长的地区还不到全球海底面积的0.5%，却有超过一半甚至高达70%的碳被海洋植物捕集转化为海洋沉积物，形成植物的蓝碳捕集和移出通道。海岸带植物生境中的红树林、盐沼湿地和海草床，尽管面积小，但捕获和储存的碳量远大于海洋沉积物的碳存储量。在广西北部湾地区，红树林、盐沼湿地、海草床和珊瑚礁均有分布，是北部湾蓝碳的重要组成部分。

表5-1　全球生态系统的碳储量

生态系统类型	全球总面积（平方千米）	全球碳储量（10^{12}克碳/年）
红树林	137760～152361	31.1～34.4
海草床	177000～600000	48.0～112.0
盐沼湿地	22000～400000	4.8～87.2
温带森林	10400000	53.0
热带森林	19622846	78.5

二、红树林

红树林是生长在热带、亚热带低能海岸潮间带上部，受周期性潮水浸淹，以红树植物为主体的常绿灌木或乔木组成的潮滩湿地木本生物群落。它是能够同时适应海洋和陆地环境的特殊植物种类，是陆地向海洋过渡的特殊生态系统，也是至今世界上少数几个物种最多样化的生态系统之一，生物资源非常丰富（图5-1）。其最突出的特征是根系发达（图5-2），能在海水中生长。它具有呼吸根或支柱根，种子可以在树上的果实中萌芽长成小苗，然后脱离母株，坠落于淤泥中发育生长，是一种稀有的木本胎生植物。红树林中生长的木本植物叫红树植物，其他草本植物或藤本植物称为红树林伴生植物。红树林里的常绿乔木和灌木林非常茂密，涨潮时，树干全被海水淹没，树冠在水面上荡漾；退潮后，棵棵树木又挺立在海滩上，形成了海滩上的奇特景观。

红树林所处的环境极其不稳定，海水的涨落对它的威胁极大，如果没有非凡的本领，则难以在海滩上"定居"下来。就拿种子萌发来说，如果种子成熟后马上从母株脱落坠入海中，就会被无情的海浪冲走，得不到繁殖的机会。因此，红树林中的红树植物有了"胎生"现象。红树植物的胎生分为显胎生和隐胎生。种子萌发的时候，下胚轴明显伸长，逐渐突破果皮，形成如同长长的"水笔"的胎生苗，此为显胎生（图5-3）。红树林中进行显胎生繁殖的植物主要集中在红树科，其中红树属的红树、红海榄，木榄属的木榄、海莲、尖瓣海莲，角果木

图5-1　广西防城港市北仑河口红树林保护区

图5-2　红树林发达的根系

图5-3　红树植物的胎生幼苗

属的角果木，秋茄属的秋茄，都在果实外长有长长的胎生苗，形成"树挂幼苗"的奇观。隐胎生植物的胚轴并不伸出果皮，萌发的种子被果皮包裹着，从果实外面看不出来，果实落地后胚轴才伸出果皮。马鞭草科的白骨壤、紫金牛科的桐花树和爵床科的老鼠簕等植物就属于这一类。剥开隐胎生植物的果皮，能看到里面已经萌发的种子。

红树林与珊瑚礁、海草床、滨海盐沼湿地并称为世界四大最富潜在资源的海洋自然生态系统。由于红树林具有消浪、护岸和减灾的作用，被人们称为"海岸卫士"（图5-4）。但在20世纪90年代以前，我国从事红树林研究工作的科研人员寥寥无几，人们对红树林的了解并不全面，更不知道红树林对于保障海洋生态安全的重大意义。

全世界约有50多种红树林树种。在中国，有26种真红树乔木、灌木，11种非专有的半红树乔木、灌木和19种常见伴生植物。中国的红树林自然分布于广东、广西、福建、台湾和海南五省（区）。浙江省于20世纪50年代引种红树植物后，也有一种成活。复旦大学生命科学学院的钟扬教授生前曾花了8年（2007～2015年）多的时间，在上海南汇临港地区进行红树林引种实验，将无瓣海桑、秋茄、桐花树、老鼠簕4种红

图5-4　无人机航拍的北海红树林

树试种成功。目前，这4种红树已经基本适应了上海的气候，能够正常地生长和繁殖，即使在冬天，它们不需要大棚也能够存活。

（一）红树林的地理分布

广西是我国红树林分布的主要省区之一。广西的红树林主要分布于英罗港、丹兜海、铁山港、大风江口、钦州港、防城江口、暗埠江口、珍珠港、北仑河口等区域，多见于滩面明显的海湾或海河口的滩涂及其附近。在广西北部湾地区，红树林的现代地理分布主要分为两大部分，即人工海岸和自然海岸。人工海岸红树林面积占54.9%，其中标准海堤红树林面积占27.8%，简易海堤红树林面积占27.1%；而岛屿、台地、山丘等自然海岸红树林面积占45.1%。在北海市，人工海岸红树林面积为24.37平方千米，占全市红树林面积的71.4%；防城港市的人工海岸红树林面积为19.94平方千米，占全市红树林面积的84.3%；钦州市的人工海岸红树林面积为6.207平方千米，占全市红树林面积的18.2%（表5-2）。

表5-2　广西红树林面积

	标准海堤（公顷）	简易海堤（公顷）	岛屿（公顷）	开阔台地（公顷）	山(沙)丘（公顷）	其他（公顷）	合计（公顷）
北海市	1385.3	1051.7	9.1	351.5	208.1	405.6	3411.3
防城港市	997.8	996.2	18.3	34.2	112.7	207.3	2366.5
钦州市	177.2	443.5	—	—	—	2798.9	3419.6
广西	2560.3	2491.4	27.4	385.7	320.8	3411.8	9197.4

（二）红树林的群落构成

广西近海海域综合调查与评价和广西近岸综合调查与评价的结果显示，在广西北部湾地区，红树林的群落主要分为以下11个群系。

1. 白骨壤群系

白骨壤群系分为白骨壤和白骨壤+桐花树两个群丛。广西的白骨壤群丛占很大的比例，面积为2276.2公顷。北海市的白骨壤群丛面积占全广西白骨壤群丛面积的一半多，达1291.1公顷，主要分布在南流江口以东的潮滩上。防城港市的白骨壤群丛面积为881.6公顷，主要分布在东湾、西湾和珍珠港内。钦州市的白骨壤群丛面积仅103.5公顷，主要分布在钦州港。广西有白骨壤+桐花树群丛889.8公顷，其中北海市有205.5公顷，防城港市有311.9公顷，钦州市有372.4公顷。

2. 桐花树群系

桐花树群系分为桐花树和桐花树+白骨壤两个群丛。广西的桐花树群丛面积为2806.6公顷，其中北海市有632.2公顷，防城港市有363.8公顷，钦州市有1810.6公顷，多分布在有较多淡水调节的河口区，如南流江口、大风江口、钦江口等。桐花树+白骨壤群丛是一类过渡性群丛，仅分布在防城港市，面积为46.8公顷。群丛以桐花树为主基调，白骨壤在群落中的比例仅占10%左右。

3. 秋茄群系

秋茄群系分为秋茄群丛、秋茄+白骨壤+桐花树群丛和秋茄+桐花树群丛。秋茄群丛面积为362.2公顷，其中北海市有205.9公顷，防城港市有84.5公顷，钦州市有71.8公顷；秋茄+白骨壤+桐花树群丛面积为87.2公顷，其中北海市有53.4公顷，防城港市有33.8公顷；秋茄+桐花树群丛面积为981.9公顷，其中北海市有268.3公顷，防城港市有166.6公顷，钦州市有547.0公顷。

4. 红海榄群系

广西的红海榄群系面积为335.4公顷，分布于北海市山口红树林保护区内。

5. 木榄群系

木榄群系分为木榄群丛和木榄+秋茄+桐花树群丛。广西的木榄群丛面积为8.1公顷，分布于防城港市（珍珠港和西湾）。木榄+秋茄+桐花树群丛面积为375公顷，其中222.1公顷分布于北海市山口红树林保护区，152.9公顷分布于防城港市北仑河口红树林自然保护区。

6. 无瓣海桑群系

广西从2002年开始大规模引种无瓣海桑。目前，引种成功的无瓣海桑面积为182.2公顷，其中北海市有5公顷，钦州市有177.2公顷。

7. 银叶树群系

广西的银叶树群系面积约为50公顷，主要分布于防城港市的渔万岛、山心岛、江平江口、黄竹江口等地。

8. 海漆群系

广西较为连片的海漆群丛面积为12.4公顷，其中北海市有9公顷，分布于银海区西塘镇曲湾村；防城港市有3.4公顷，分布于江平镇交东村和防城乡的大王江村。

9. 海杧果群系

广西除北海市铁山港区营盘镇火六村有0.3公顷的海杧果群丛分布外，仅在东兴市江平镇沿海有零星海杧果群丛分布。

10. 黄槿群系

黄槿在广西沿海村落常有零散栽植，但较少形成群落，仅在防城港市江平镇有一片黄槿群丛，面积为1.9公顷。

11. 老鼠簕、卤蕨、桐花树群系

在广西，老鼠簕、卤蕨、桐花树等种群混生的红树林群落面积为58.2公顷，其中北海市有31.9公顷，防城港市有26.3公顷。

（三）红树林的生物多样性

红树林是生物的理想家园，为众多的鱼、虾、蟹、水禽和候鸟提供了栖息和觅食的场所。在发育良好的红树林里，甚至还偶有野猪、狸类及鼠类等小型哺乳类动物出没。同时，红树林也会吸引一些蜂类、蝇类和蚂蚁等栖息，它们对红树植物的传粉和受精起着重要的作用。

在广西北部湾红树林区，植物资源非常丰富，红树植物有8科10属10种，半红树植物有4种，红树植物种类居我国第二位，仅次于海南。动物资源也极为丰富，包括底栖动物、浮游动物、游泳动物、鸟类、昆虫等。北部湾的动植物资源共同构成了一个结构复杂、资源丰富的生态系统。

1. 浮游植物多样性

广西北部湾不同红树林区、不同季节（春季和秋季）的浮游植物的优势种存在明显的差异。如铁山港红树林区，春季的最大优势种是颤藻，而到了秋季，其优势种全为硅藻类。

2. 浮游动物多样性

与浮游植物一样，在广西北部湾地区，不同的红树林区、不同季节（春季和秋季）的浮游动物的优势种也存在明显的差异。如铁山港红树林区，春季除个别哲水蚤（拔针纺锤水蚤）外，其他的优势种全是各类浮游动物幼体。其中，无节幼体占了很大的份额。而到了秋季，长腹剑水蚤成为最主要的优势种。

3. 底栖生物的多样性

在广西北部湾红树林区，底栖生物种类繁多。底栖软体动物中，常见的优势种有黑口滨螺、珠带拟蟹守螺、小翼拟蟹守螺、粗糙滨螺、红果滨螺、紫游螺、团聚牡蛎、石磺等。

红树林区主要的甲壳类动物有长足长方蟹、褶痕相手蟹、弧边招潮蟹、扁平拟闭口蟹、双齿相手蟹、明秀大眼蟹等。

红树林区主要的多毛类动物有长吻沙蚕、小头虫、独齿围沙蚕、软疣沙蚕、疣吻沙蚕等。

（四）红树林的生态经济功能

红树林以凋落物的方式，通过食物链转换，为海洋动物提供良好的生长发育环境，同时，由于红树林区内潮沟发达，会吸引深水区的动物前来觅食栖息、生产繁殖。此外，因为红树林生长于亚热带和温带地区，拥有丰富的鸟类食物资源，所以红树林区是候鸟的越冬场所和迁徙中转站，更是各种海鸟觅食栖息、生产繁殖的场所。

红树林另一重要的生态效益是它的防风消浪、促淤保滩、固岸护堤、净化海水和空气的功能。其盘根错节的发达根系能有效地滞留陆地来沙，减少近岸海域的含沙量；茂密高大的枝体宛如一道绿色长城，可有效抵御风浪袭击。

红树林素有"海底森林"之称，其用途较广，树木可作建筑材料，用于制造桥梁、矿柱、枕木和桅杆等。有些红树植物可用作药材、香料，果实可以食用或酿酒，从树皮中提取的鞣质可作染料。红树植物花多、花期长，是放养蜜蜂的理想区域。红树林还具有护堤防浪、净化水污染等用途。此外，红树林区为鱼虾和鼠类提供了营养物质和繁衍生息的场所，而这些动物又吸引众多的鸟类、蛇类、鳄鱼和海鱼觅食、栖息，使红树林区成为海洋水产农牧化的基地之一，创造了极大的经济价值和生态价值。广西沿海居民对红树林的利用历史悠久，经验丰富。

1.红树林植物资源的利用

白骨壤的果实，去掉鞣质后即可作为菜肴，一直是沿海居民的特色食物之一。秋茄、木榄、红海榄的胚轴富含淀粉，去掉鞣质后，加入米粉、甘薯粉后制成米饼，曾经是灾荒时的救命粮。卤蕨的嫩叶和黄槿的嫩叶、嫩枝也可作为蔬菜食用。桐花树、木榄、海漆等是较好的蜜源植物。红树林蜂蜜呈淡黄色，产量高，品质仅次于荔枝蜜。

白骨壤的叶子因为氮、钾元素含量较为丰富，家畜喜啃食，可作为动物的饲料。很多红树植物的嫩枝绿叶是当地村民发展畜牧业的饲料之一，它含有较多的粗蛋白和微量元素。红树植物的叶子还可作为海水养殖中的鱼饵料。此外，红树植物的叶子肥厚，含氮丰富，是一种优良的有机绿肥，特别是由枯枝落叶堆沤后的榄头泥肥分更高。合浦县群众过去种植秋薯都以它作为基肥，可以提高产量20%～30%。

红树植物的根系发达，形状各异，很适合用来作根艺、根雕的桩材。海漆的树材共鸣效果好，可用来制作小提琴等乐器。木榄树干通直，质地坚硬，可用作建筑材料。红树植物木材可以直接作为造船的原材料，如用木榄来制作尾舵、桅杆等。红树植物富含鞣质，可用作化工原料。红树属植物中还可提取纤维素黄原酸酯，这是生产轮胎帘子布、工业传送带、玻璃纸和纸浆的重要原料。此外，红树植物的提取物，也是制作熏香、胶水、蜡、墨水、纺织品保护剂、颜料转化剂、防腐剂、防锈剂、杀虫剂等的重要原料。

红树植物的药用价值很高，木榄、银叶树、白骨壤、老鼠簕、海杧果、海漆、黄槿等在民间常用来入药。红树植物在医药上多用于消炎解毒，部分具有收敛、止血等作用，可治疗烧伤、腹泻及炎症等。白骨壤的叶经研碎后可治疗脓肿，种子的水提取物可治疼痛，果实可治痢疾，未熟的果实剁碎敷在患处可医治皮肤病，晒干的果实用少量水煎煮饮用，有凉血败火、降血压之功效，还能治疗重感冒。老鼠簕的叶可治风湿骨痛，根捣烂外敷可治毒蛇咬伤，果实与根捣碎成糊状可治跌打刀伤，植株的各部分都可作为止痛、消肿、解毒药。木榄胚轴水煮口服可治腹泻。红海榄树皮熬汁口服可治血尿症。此外，老鼠簕、木榄还具有抗癌作用。综上所述，从红树植物中开发收敛止血药物、消石利尿药物和抗癌药物具有广泛的市场前景。半红树植物水黄皮具有抗菌、消炎、镇痛、抗病毒、抗溃疡和抗肿瘤等作用，民间多用其种子和叶子治疗肿瘤、痔疮、风湿等疾病。海杧果的核、果、叶都有毒，民间主要用其毒性较小的叶、树皮、树汁来催吐催泻，其余部分用于制鱼毒。桐花树的树皮和种子、秋茄的果实和种子、银叶树的树汁都含有毒素，可制成鱼毒或开发制取生物农药。

红树植物所含的鞣质在空气中氧化呈红色，用其制成的家具不用上漆就可以呈现红色。因为鞣质可以助燃，所以广西北部湾沿岸的居民会将红树植物的枝叶采回家当薪柴。红树植物也常被加工成木炭，尤其是海漆的木材，由于易着火且燃烧性能好而被用作火柴梗。由于红树属植物较耐腐蚀，因此也常被用于制作渔具，如捕蟹器具等。木榄等红树树皮的提取液常用来浸泡渔网防腐。红树植物的胚轴还可以种到花盆中，是很好的盆栽植物。红树植物的苗木目前也是海岸带造林的重要苗木来源，具有很高的利用价值。

将红树植物的树茎、树桩与土石混用建造海堤可抵抗蚁害，因此在广西北部湾地区，人们还利用红树植物建造海堤。这在钦州金鼓江两岸和防城港市防城区很普遍。20世纪60年代中后期，防城修建的海堤外用石块砌成，夹层为一层泥土一层红树植物。据调查，木榄用得最多，桐花树则是扎成捆后铺垫。这种石、土、植物混合而成的海堤造价低，施工方便，而且可抗蚁害。对当地群众而言，在石块缺乏的情况下用红树林围堤是就地取材、降低成本的方法，但这对红树林的破坏却是毁灭性的。

2. 红树林动物资源的利用

广西红树林区现已知的大型底栖动物有260多种，传统利用的经济种类是星虫类、贝类、蟹类、虾类和鱼类。

星虫类的沙蚕是一种食疗兼优的药膳，因其良好的补益强壮效果，所以有"海洋里的冬虫夏草"的美称。服用沙蚕，可以治疗胸闷、痰多、潮热、阴虚盗汗、牙龈肿痛等疾病，民间常用它煮粥喂养幼儿。可口革囊星虫俗称"泥丁"，是广西沿海居民主要挖取的产品。光裸星虫俗称"沙虫"，是广西沿海的名优特产，干货售价目前已达600～680元/千克。光裸星虫的提取物叫作星虫素，是一种毒性很强的毒素，可用来制造杀虫剂，对原生动物、蠕虫、甲壳类动物都有致瘫痪的作用。用这种杀虫剂来消灭农业害虫，可以使害虫中毒、麻痹、软化而死。而且由于星虫素是生物体内的自然成分，容易分解，没有残毒，所以使用后不会像化学农药一样引起环境污染。20世纪80年代，国际上畅销的杀虫剂"巴丹"就是日本武田药厂根据星虫素的结构合成的。我国生产的农药"杀螟丹"是星虫素的衍生物，它能有效地杀死害虫，对螟虫的杀伤力最明显。

北部湾的经济贝类包括牡蛎、泥蚶、文蛤、大竹蛏、异毛蚶、缢蛏、尖齿灯塔蛏、杂色蛤仔、红树蚬等。腹足类的玛瑙蜒螺和彩拟蟹守螺味道鲜美，有时也被采集食用。

北部湾的经济蟹类主要是锯缘青蟹，其他种类有三疣梭子蟹等。锯缘青蟹是贵重的滋补品和药用动物。中医认为青蟹有降压、消水肿、开胃、催乳、治疗产后宫缩等功效。其实在西药盛行的年代，它最大的功效是食用，如福建的青蟹蒸糯米、青蟹炒蛋，两广地区的白水煮青蟹、青蟹生地汤和青蟹粥。长腕和尚蟹是广西沿海著名土特产"沙蟹汁"的主要原料，方蟹过去常被加工成"咸水蟹"出售。

北部湾的经济虾类包括刀额新对虾、长毛对虾、宽沟对虾、脊尾白虾等种类。

北部湾的经济鱼类主要有中华乌塘鳢、弹涂鱼、鲤虎鱼、杂食豆齿鳗等。随潮水进入红树林区的鱼类有斑鰶、中华小公鱼、大眼青鳞鱼、边鲹、条鳎、短吻鲾、鲷鱼、鲻鱼、圆颌针鱼等。其他鱼类如长蛸、虾蛄等亦是红树林区常见的经济动物。这些都是价值较高的海产品，味道鲜美。外形漂亮的鱼类还可作为观赏鱼进行饲养，数量稀少的品种甚至可以由此得到很大的收益。

红树林还是沿海居民放养鸭子的好场所。这里喂养的鸭子不仅产蛋率高，而且鸭蛋品质优，人们称这种蛋为"红银蛋"。红树林区还生活着一些蛇类、哺乳动物等，它们的肉可食用，皮可以制成皮革，但现在已经纳入保护范围，不能再擅自捕猎了。

北部湾滩面上有大量的底栖螺至今尚未得到有效开发，一些低值的贝类，如拟蟹守螺粉碎后，可用作鱼虾蟹类的饲料和配合饵料的蛋白源，是值得开发的资源。另外，贝类的壳有着美丽的花纹，进行简单的加工就可以制作成漂亮的工艺品。

（五）红树林的生态保护

据2001年的调查，北部湾地区面积不小于0.1公顷的连片红树林共有863块，实有面积为8374.9公顷，只相当于150年前的三分之一。红树林湿地面积大幅减少主要是由围林养殖、围海造田、乱砍滥伐、挖取可食用无脊椎动物、放牧和家禽养殖、过量收集饵料等原因造成的。

广西沿海的2557公顷养殖塘大部分来自对红树林湿地的围垦。在钦州港岛群红树林湿地，许多1～2公顷的湾汊被人们围垦用来养虾。钦州市著名的水路相通的七十二泾风景区，如今水路能相通的已不到四十泾。毁林发展海水养殖是目前破坏性利用红树林湿地的主要方式。近20年来围塘养殖热给红树林湿地资源带来灾难性的破坏，就连位于红树林湿地自然保护区的红树林也惨遭破坏。2005年5月，合浦闸口镇福禄村约30公顷的红树林惨遭砍伐，原因是一位外地老板要承包这片长满红树林的滩涂进行滩涂养虾。此外，在广大偏僻的海滨村落，砍伐红树林做薪柴的习惯一直存在，这对红树林湿地的恢复和保护十分不利。

红树林湿地是传统的海产生产场所，到红树林湿地林区挖掘经济海产，是生活在红树林周围的居民主要的收入来源。红树林湿地内有30%的区域遭到无节制地挖掘，每年的挖掘次数高者达到20次。挖掘活动周期性地破坏红树植物的根系，使红树林养分供给不足，生长滞缓，矮化和稀疏化，有的甚至成片死亡。挖掘和踩踏还极大危害了林下的幼苗、幼树，使红树林难以自然更新生长。此外，挖掘活动还会破坏海洋底栖动物的生境，使经济动物产量直线下降。

红树植物白骨壤、秋茄是牛羊的补充饲料。由于牛羊的践踏，导致不少地方人工造林彻底失败，牛羊的啃食也使湿地内的红树林出现矮化和稀疏化的趋势，群落难以自然更新。在红树林区放养家禽虽然不会对红树植物造成明显的影响，但对红树林湿地生态系统生物多样性的保护十分不利。

红树林湿地滩涂生长着种类繁多的小螺，近年来这些小螺被大量收购，有的在市场上出售，有的被粉碎后作为对虾的补充饲料。红树林区的小螺是林区和近海肉食动物的主要食物，它们的减少降低了经济价值较高的肉食动物的产量。过量收集饵料，会降低红树林湿地生态系统的生产力。

1. 保护红树林的重要意义

红树林在净化海水、抵挡风浪、保护海岸、改善生态状况、维护生物多样性和沿海地区的生态安全等方面发挥着重要作用。红树林湿地生态系统不仅具有丰富的物种多样性，生物资源宝贵且对人类生活影响巨大，而且具有多种生态功能和社会福利价值。然而，由于长期的反复破坏和不合理的开发利用，如围海造田、围垦养殖以及城镇发展等，使得广西北部湾的红树林面积日益减少，群落的外貌和结构也日趋简单。因此，加强广西北部湾红树林的保护和发展工作是一项紧迫的任务，具有保存濒危物种基因资源、保护生物多样性，改良环境，防风御浪、保护堤岸等重要意义。

物种基因资源是珍贵的自然遗产，一个物种的绝灭意味着永远丧失这种遗传基因，是人类无可弥补的损失。因此必须加强红树林的保护和发展工作，保存红树林基因资源。调查表明，红树林湿地是至今世界上少数几个物种多样化的生态系统之一，生物资源非常丰富。广西山口红树林湿地就有111种大型底栖动物、104种鸟类、133种昆虫，还有159种变种的藻类。红树林湿地一旦缺失，湿地中的部分生物将不复存在，生物的多样性必将逐渐消亡。

红树植物不仅对毒性大的重金属汞、镉具有吸收、净化的作用，利用红树植物还可监测海岸油污染。红树林湿地生态系统中的红树植物、藻类、鸟类、鱼类、昆虫和细菌等生物群落组成兼有厌氧、需氧的多级净化系统，林下的多种微生物能分解排入林内污水中的有机物并吸收有毒的重金属物，释放出营养物质供给红树林湿地生态系统内的各种生物，达到净化海洋环境的作用。红树林发达的根系可使粒径不小于0.01毫米的悬浮物大量沉积，从而净化水质，保护海洋环境。因此，保护和发展广西北部湾红树林，对于净化海水污染具有十分重要的意义。

广西北部湾地处沿海季风地带，狂风暴潮活动频繁。而红树林湿地中的红树植物为适应潮汐及洪水冲击，已形成独特的支柱根、气生根、发达的通气组织和致密的林冠等。这些极其发达的根系纵横交织、盘根错节，形成一道密结的栅栏，这不仅使红树林牢固地扎根在常受风浪袭击的沿海滩涂上，还可滞留浮泥并使之沉积，使海滩面积不断扩大和抬升，防止风浪冲击海岸河堤，保护农田和村庄，维护海岸生态系统平衡。据测定，成片红树林林内流速是林外流速的十分之一，50米宽的白骨壤林带可使1米高的海浪降到0.3米。1996年9月9日，15号强热带风暴卷起巨浪，直扑广西英罗港，停泊在红树林外裸滩的40余艘渔船除2艘带锚向东南漂移1500米幸免于难外，其余均顷刻间在狂风巨浪中翻沉，导致22人遇难。而停泊在红树林林内潮沟的350多艘渔船和船上工作人员因有红树林的庇护安然无恙。

2.红树林的生态保护对策

做好红树林的生态保护,第一,应加强对红树林病虫害的防治和野生动物疫情的监测。应积极贯彻"预防为主,治早、治小,控制蔓延不让成灾"的森林病虫害防治方针,采用先进的科学防治方法,采取以生物防治和物理防治为主的防治措施。同时做好病虫害监测和预报体系建设,并有目的地保护、招引、繁殖益鸟,保护昆虫天敌,必要时请专家会诊防治。茅尾海保护区是自治区级野生动物疫病疫情监测点,必须安排专人负责野生动物特别是野生鸟类疫情的监测,一旦发现有病死动物尸体应立即按有关程序报告有关主管部门进行处置,严防高致病性禽流感及其他动物疫病的发生和传播。

第二,应在全面保护的基础上适度开展生态旅游。红树林湿地作为旅游载体,要全面考虑湿地生物多样性和湿地生态系统等功能的保护。要根据动植物资源和濒危动植物的分布情况进行科学规划,划定核心区、缓冲区和外围区。不同的功能区,在开发上实施不同的方式。核心区实行封闭管理,除依照法律法规经批准可进行科研观测外,任何单位和个人不得擅自进入。缓冲区实行半封闭管理,允许进行非破坏性的科研观测活动和改善生态环境的活动。外围区可进行旅游开发、科学实验和教学实习等活动。红树林湿地的开发决不能以破坏生态环境为代价来换取旅游效益,必须在绝对保护好核心区的前提下进行合理地开发,促进区域生态环境与经济社会的协调发展。

应充分利用广西北部湾红树林的生态旅游资源和自然风景资源,在不破坏红树林及其生境的前提下,适度开展红树林生态旅游等多种经营,增加保护区的经济收入,增强自养能力,实现保护区的可持续发展。红树林湿地旅游开发必须以生态旅游为主方向,通过生态旅游的开展提高和恢复湿地自然环境质量,以获得良好的经济效益、社会效益和生态效益。可优先发展生态观光、寻幽探险、休闲度假、水上娱乐、科学考察、科普教育等对湿地破坏性较小的旅游方式,这样既能满足现代旅游者"返璞归真、回归自然"的旅游需要，又能完好地保护湿地自然环境。

第三，应开展必要的科学研究，建立信息系统，控制游客数量。应在广西北部湾红树林区域开展必要的科学研究，进行一次大规模的资源本底数据调查，调查清楚保护区内各种生物的保存数量和生长生活规律等，把自身家底摸清。在此基础上建立生物资源变化监测系统、生态环境监测系统和社区监测系统等，综合评价管理效果并及时调整保护管理措施，促进保护区与社区的和谐发展。此外，红树林湿地旅游开发区要根据实际情况，科学计算其最佳游客容量，严格控制游客数量，确保生态旅游开发的强度在红树林湿地生态系统所能承受的范围之内，最大程度地保证广西北部湾红树林湿地生态环境的质量。

第四，应完善红树林生态保护的法律法规与政策，提高保护区的管护能力和执法水平。当前有许多与湿地类型保护区有关的政策和法规，如《中华人民共和国森林法》《中华人民共和国野生动物保护法》《中华人民共和国野生植物保护条例》《中华人民共和国自然保护区条例》和《中华人民共和国环境保护法》等。制定和完善红树林湿地保护政策、建立法律体系并严格遵守执行，是实现广西北部湾红树林湿地保护的重要保证。同时，应对广西北部湾的红树林湿地进行科学合理地规划，并实施分类保护管理，建立有利于保护的激励机制。保护区每年定期选派管护人员参加林业行政执法培训班，提高其执法水平。同时，加大对保护区的巡护力度，分区定时组织巡逻检查，杜绝乱砍盗伐红树林和侵占红树林林地的违法行为，保护红树林植物及其生境，使保护管理工作真正落到实处。

第五，政府部门必须正确引导，与相关部门建立有效的管理协调机制。红树林湿地作为一种自然资源，具有巨大的经济效益，有着多方利益群体。因此，建立有效的湿地保护管理协调机制，加强政府部门间的协调与合作，是红树林湿地保护目标顺利实现的关键因素。客观地说，围塘养殖与围垦造田相比较，前者的破坏性要小一些，因为围塘养殖可以在不砍伐（或只部分砍伐）红树林的情况下进行，而围垦造田一般会把红树林全部砍伐。但由于周边群众只知道采取增加养殖面积的方式来获取更大收益，因此红树林湿地被大面积围垦，遭受毁灭性破坏。如果政府一开始就能对围塘养殖进行有效指导，如采用养殖优良品种等科学方式增加养殖收益，围塘养殖的范围就可以控制在红树林湿地的自然承受范畴之内。

保护区管理是一种开放式的保护管理，保护区管理部门应与地方部门建立保护管理协调机制。向国内外科研机构、协会和教学部门开放，吸引科技人员参与合作研究，争取多方面的技术和资金援助，把保护区建成集保护、科研、教学、生产和旅游等多功能于一体的场所。

第六，社区参与共管，充分发挥周边居民的管理积极性。保护区在保护的前提下，在合理规划与科学管理的基础上，应主动支持和参与社区经济发展，改善社区人民生活水平，促进社区群众参与红树林湿地生态保护。可制定鼓励政策，鼓励和吸引大中专院校、青少年组织、志愿者协会和环保组织等各界参与红树林的保护工作。逐步形成以保护区自身保护为主，社区联防为辅的保护方式，实现保护区保护与社区经济全面、协调和可持续发展的和谐局面。

真正做好生态旅游，没有周边社区的积极参与是不可能实现的。红树林湿地中的红树林是珍贵的自然资源，但可以通过人工途径扩大种植规模。可以在不对其生存造成威胁的前提下，将一定量的人工品种加工成旅游商品，同时发展特色生态农业，开发无污染优质绿色食品，调整农业产业结构，以增加当地居民的经济收益，最终带动当地群众脱贫致富，从而使周边居民自觉地保护湿地生态环境。

第七，应加大对保护红树林的宣传与教育力度。红树林湿地保护的成功很大程度上取决于当地群众对当地生物资源的保护和持续利用。应充分利用广播、电视、互联网和夏令营等宣传手段，对社区开展红树林湿地保护基本知识和保护重要性的宣传。可针对沿海渔民伏季休渔期和喜欢到镇上赶圩的习俗，利用人员较集中的有利时机进行保护政策的宣传。对社区中小学教师进行与红树林保护相关的讲座或培训，在中小学校中开展有关红树林湿地保护基本知识的教育。

（六）红树林的蓝碳效应

红树林的生产力较高，占滨海湿地总生产力的50%。全球红树林总面积仅占全球近海面积的0.5%，但其埋藏在沉积物中的碳占近海总碳量的10%～15%。根据印度洋—太平洋地区25个类型的红树林湿地的地上、地下碳储量推算，其地上部碳密度平均为1.59×10^8克碳/公顷，地下部为地上部的5倍以上，其中绝大部分的碳分布于地下0.5～3米深的土壤或沉积物中。就全球平均而言，储存在红树林生态系统的总碳量为1×10^9克碳/公顷，其中70%以上固存在土壤中，而光合作用固定的碳在树叶、茎干和根系中各占三分之一。红树林碳循环的关键过程除了根系分泌物和凋落物在土壤（沉积物）中的储存，还包括红树植物群落与大气间的垂直交换和各形态碳向邻近海域的横向输运。根据有关数据估算，全球红树林每年在沉积物中埋藏的碳达1.84×10^{13}克，向邻近海域输运$2.4 \times 10^{13} \pm 2.1 \times 10^{13}$克的溶解有机碳（DOC）和$2.1 \times 10^{13} \pm 2.2 \times 10^{13}$克的颗粒有机碳（POC）。中国红树林碳储量为$6.91 \times 10^{12} \pm 0.57 \times 10^{12}$克，其中82%储存在表层1米的土壤中，18%来自红树林生物量。目前，我国已在福建、广东、海南等地建立了红树林涡度相关碳通量观测网络和红树林长期定位研究站，系统探究红树林碳循环过程。据初步估算，中国红树林每年的平均净固碳量超过200克碳/米^2，高于全球平均水平（174克碳/米^2）；红树林年固碳效率为444.3克碳/米^2，高于全球平均水平，年总固碳量为1.1×10^{12}克碳/米^2。红树林的碳库组成包括初级生产力（凋落物、树木和根系的生物量），以及红树林土壤固定的碳，其中深度在1米以内的土壤是红树林生态系统主要的碳汇，占总固碳量的82%。在红树林中，富含有机质的土壤厚度一般在0.5～3米，固定的有机碳占整个红树林系统固碳量的

49%～98%。由此可见，红树林对维持和恢复蓝碳，保护海岸带生态系统的碳汇功能有着非常重要的作用。

中国现有红树林面积为2.27万公顷，分布在浙江及其以南的海岸带区域，其中广东、广西地区分布面积最大。但迄今为止，广西北部湾红树林区的碳汇总量及有机碳输送的碳足迹等相关研究尚未开展，需要加大相关科研投入。

三、海草床

海草是生长于河口和浅岸水域的单子叶植物，是完全可以在海水中生活的被子植物，是由陆地植物演化为适应海洋环境的高等植物，在植物进化史上拥有非常重要的地位（图5-5）。海草种类丰富，生物多样性高，大面积的连片海草被称为海草床，是许多大型海洋生物甚至哺乳动物赖以生存的栖息地。海草床是典型的海洋生态系统之一，是地球生物圈中最富有生产力、服务功能价值最高的生态系统之一，在生态上具有重要意义。

图5-5　海草

海草床具有极高的生产力，与红树林和珊瑚礁并称为三大典型的海洋生态系统，是地球上最有效的碳捕获和封存系统之一。

海草床生态系统能通过降低悬浮物的密度和吸收营养物质来改善水质，提高海水的透明度，减少富营养质，是浅海水域食物网的重要组成部分。直接食用海草的生物包括儒艮、海胆、马蹄蟹、绿海龟、海马、部分鱼类等。海草床不仅可以为海洋生物提供重要的栖息地和育幼场所，而且在全球碳、氮、磷循环中具有重要作用。研究表明，全球海草种类有72种，而中国现有海草22种，隶属4科10属，约占全球海草种类数的30%。中国海草的4个科包括丝粉藻（海神草）科、水鳖科、大叶藻科、川蔓藻科。这里虽然有3个科是以"藻"命名的，但都是名副其实的被子植物，即"有花植物"，它们都是通过开花、传粉、受精，并最终结成果实来繁殖下一代的。最近的研究发现，海草主要依靠海洋里的甲壳类动物来传播花粉（它们执行的任务与陆上蜜蜂的任务是相同的）。此外，海草床还有减弱海浪冲击力、固定底质、保护海岸线的作用。

（一）海草床的地理分布

海草在全球范围内广泛分布，我国从黄渤海一直到南沙群岛附近海域都有海草分布，广西和海南是热带—亚热带区域海草床的重要分布区域。中国海草分布区可划分为两个大区：南海海草分布区和黄渤海海草分布区。南海海草分布区包括海南、广西、广东、香港、台湾和福建沿海，共有海草9属15种，以喜盐草分布最广。黄渤海海草分布区包括山东、河北、天津和辽宁沿海，分布有3属9种，以大叶藻分布最广。

中国现有海草场的总面积约为8765.1公顷，其中海南、广东和广西分别占64%、11%和10%，南海海草分布区的海草场在数量和面积上明显大于黄渤海海草分布区。南海海草分布区的海草场主要分布于海南东部、广东湛江市、广西北海市和台湾东沙岛沿海，黄渤海海草分布区的海草场主要分布于山东荣成市和辽宁长海县沿海。广东、广西两省（区）的海草场主要以喜盐草为优势种，海南和台湾的海草场多以泰来藻为优势种，山东和辽宁的海草场多以大叶藻为优势种。

广西北部湾海域属南亚热带海洋性季风气候，其优势种主要为喜盐草。据调查，20世纪50年代海草床主要分布在广西北部湾的北海东海岸、丹兜海、茅尾海、钦州湾外湾、铁山港、珍珠港等地，原保有面积约770公顷。铁山港海域拥有海草床近600公顷，国家濒危保护动物儒艮经常出没在这片海域，其中面积最大的合浦海草床，主要分布在铁山港和英罗港的西南部，基本上呈8块斑状分布，各斑块的面积为20～250公顷不等，总面积约为540公顷。

（二）海草床的群落构成

广西北部湾现有的海草场面积为942.2公顷，占全国海草场总面积的10%。海草场面积从大到小依次为北海市的铁山港沙背、铁山港北暮、山口乌坭、铁山港下龙尾、铁山港川江，防城港市的交东，北海市的沙田山寮，钦州市的纸宝岭，北海市的丹兜海。其中前5个分布点面积较大，分别为283.1公顷、170.1公顷、94.1公顷、79.1公顷和73.3公顷，均以喜盐草为优势种。广西防城港市交东海草场和北海市沙田山寮海草场以矮大叶藻为优势种。钦州市纸宝岭海草场、北海市丹兜海海草场则以贝克喜盐草为优势种（表5–3）。

表5–3　广西北部湾现有海草场的分布状况

分布区域	面积（公顷）	主要种类
北海市铁山港沙背	283.1	喜盐草、矮大叶藻、小喜盐草、贝克喜盐草
北海市铁山港北暮	170.1	喜盐草、矮大叶藻、小喜盐草、贝克喜盐草

续表

分布区域	面积（公顷）	主要种类
北海市山口乌坭	94.1	喜盐草
北海市铁山港下龙尾	79.1	喜盐草、矮大叶藻、贝克喜盐草、小喜盐草
北海市铁山港川江	73.3	喜盐草、二药藻
防城港市交东（珍珠湾）	41.6	矮大叶藻、贝克喜盐草
北海市沙田山寮	14.3	矮大叶藻
钦州市纸宝岭	10.7	贝克喜盐草
北海市山口丹兜海	10.7	贝克喜盐草
其他零星分布点	165.2	喜盐草、矮大叶藻、贝克喜盐草等
广西北部湾（总计）	942.2	

（三）海草床的生物多样性

海草床为海洋生物提供了重要的栖息地和育幼场所，有着较高的生物多样性。

合浦海草床与山口红树林国家自然保护区相邻，海草床主要分布在红树林向外海延伸的地段。合浦海草床的喜盐草是世界级珍稀保护动物儒艮的重要食物，该海草床的大部分已经划为国家级儒艮自然保护区。除了儒艮（图5-6），该海草床还分布有5种对虾（长毛对虾、日本对虾、布氏对虾、刀额新对虾和边缘新对虾）、2种篮子鱼（黄斑篮子鱼和褐篮子鱼）、3种海胆（薄饼干海胆、莴氏刻肋海胆和扁平蛛网海

胆）、4种海参（马什海参、瘤五角瓜参、糙海参和蛇锚参）、2种海星
（鹿儿岛槭海星和单棘槭海星）。

图5-6 儒艮

（四）海草床的生态经济功能

海草床的直接使用价值包括作为饲料和化妆品原料、编织成工艺
品、滩涂生产作业及海水养殖业等。但鉴于目前广西北部湾的海草床
受破坏严重，已很少作为饲料原料、工艺品原材料、化妆品原料等。
广西合浦海草床所在区域海水养殖主要以养螺和养贝为主，但由于养
螺与养贝对合浦海草床破坏严重，当地政府已禁止居民在海草床区域
养殖螺和贝。

此外，海草床还具有护堤减灾、调节气候、维持生物多样性、科学研究、生态系统营养循环及净化水质等作用，由此可带来间接经济价值（表5-4）。

表5-4　广西北部湾合浦海草床生态系统经济价值

价值类型	生态经济功能分类	评价方法	价值小计[元/（年·公顷）]
直接经济价值	水产养殖价值	市场价值法、专家调查法	20200
	滩涂渔业价值	市场价值法	8200
间接经济价值	近海渔业价值	市场价值法、专家调查法	171000
	护堤减灾价值	专家调查法	14500
	气候调节价值	碳税法	230
	生物多样性价值	影子工程法、专家调查法	36000
	科学研究价值	效益转移法	610
	生态系统营养循环价值	市场价值法、效益转移法	224000
	净化水质价值	市场价值法	316
非利用价值	选择、存在、遗传价值	条件价值法、效益转移法	154300
总经济价值	—	—	629356

（五）海草床的生态保护

1.海草床面临的生境威胁

由于人们对海草床的重要性缺乏认识，广西北部湾海草床的生境受到严重的威胁。造成威胁的原因包括修建虾塘与进行海水养殖，围网捕鱼和底拖网鱼，毒虾、电虾与炸鱼，台风。

近年来，广西北部湾的海水养虾业迅速发展，围海养虾成为海水养虾的主要形式，潮间带大面积的海草床变成了虾塘，对虾塘范围内的海草床造成了毁灭性的破坏。在海草床及其周围海域插桩吊养贝类（包括牡蛎和珍珠贝等）、养殖大型海藻等，也会对海草床带来严重的破坏。如广西合浦淀州沙滩涂，由于插桩吊养贝类，养殖范围内的海草床已经遭到大面积的破坏，好在这种现象近年来有所改善。

因海草床内鱼类资源比较丰富，附近居民常在海草床内设置大范围的渔网，利用潮水的涨落围捕鱼类。这种作业方式在打桩时会破坏海草，作业时会践踏海草，对海草的生长造成不利影响。底拖网作业对海草的破坏更为严重。在广西北部湾合浦海域，共有400多艘底拖网船，一般作业于10米以内的浅海海域。这些底拖网船在拖网作业时会把海底的海草成片连根拖起，对海草造成毁灭性的破坏。

对虾是海草床内主要的渔业资源。退潮后，大批渔民在海草床内进行毒虾和电虾，对海草床造成严重的破坏，这种现象在广西北部湾地区普遍存在。此外，海草床的炸鱼现象也比较突出，对海草床构成严重威胁。

在广西北部湾的绝大多数海草床内，普遍存在挖贝、挖沙虫和耙螺等活动，如在合浦海草床，每天挖贝、耙螺者近千人。挖贝和耙螺是当地居民重要的经济来源之一，但挖贝、耙螺时常常会将海草连根翻起，对海草造成毁灭性的破坏。此外，挖贝、耙螺时也会挖松滩涂的泥沙，造成泥沙流动，使泥沙埋没海草，影响海草的正常生长。

陆地和海上人为排放的废水、生活垃圾等污染物，会使海水中难降解的有机物、营养盐和悬浮物等的含量大大增加，破坏海草床的生存环境，影响海草的生长。另外，开挖航道对海草床的影响也很大，在工程实施区内，原来生长的海草会连同泥沙一起被挖掉，导致海草床被彻底毁灭。同时，非工程区内的海水受到开挖航道的影响，水中悬浮物会大量增加，严重时甚至会覆盖海草床，影响海草的光合作用。这种现象在广西北部湾合浦海草床较为严重。

台风引起的风暴潮等会冲刷海草，将海草连根冲刷起来，或是将滩涂中的泥沙冲刷起来埋没海草，从而影响海草的生长，造成海草资源的破坏。2002年9月底的一次正面袭击的台风，对广西北部湾合浦海草床造成了严重的破坏，直到3个月后才逐步恢复。

2. 海草床的保护对策

第一，要对广西北部湾海草种类资源和海草床分布情况进行全面普查，摸清海草种类资源和海草场分布状况是海草床保护工作的基础。因此，应在国家层面上对广西北部湾海草分布区的海草种类资源、海草场分布区域及群落结构组成等特征进行详细调查，并在此基础上对广西北部湾海草种类进行濒危等级评估，填补《中国物种红色名录》中海草类植物的空缺。

第二，应加强海草床动态监测，建立广西北部湾海草监测网。通过监测海草床的动态，可以了解海草床生态系统的演化状态，揭示其演化的过程和机理。2008年9月，中国内地首个全球海草监测网分站在北海建成，运行至今积累了大量的数据，为广西北部湾海草床的保护、恢复及有效管理提供了科学依据，但要想更系统地揭示海草床的演化机理，需要加强广西北部湾地区的海草床监测网建设，从而真正实现对海草床的动态监测。

第三，应加快海草床自然保护区的建立步伐。建立自然保护区是保护与恢复海草床生态系统的重要保障。当前我国海草床保护区明显偏少且缺乏国家级保护区，因此，应在国家、省、市等多个层面建立海草床保护区与示范区，在保护区内加大对海洋环境及海草床生态系统的监控和保护力度，为研究海草的培植技术和海草床生态系统的恢复、修复技术提供实验平台。

第四，应加强海草床恢复和海草种质资源保护研究工作。当前，广西北部湾的海草床出现了严重的退化现象，一些海草种类甚至已经处于濒危状况，因此，加强海草床的恢复和海草种质资源的保护研究工作刻不容缓。鉴于目前广西北部湾海草床退化的主要诱因仍不明确，而海草床的人工恢复才刚刚起步，因此要加强海草床退化机理的研究，在广西北部湾地区不同海域进行人工恢复实验，探索海草床自然恢复的可行性，为大规模的海草床恢复提供实践经验。同时，应对一些濒危海草物种进行就地、迁地保护以及室内种质资源保存及增殖技术研究。

第五，应加强宣传与教育。在我国的海洋生物学和生态学本科教材中，有关海草的内容很少，相关科普读物更是少之又少。因此，利用多种途径宣传海草床的重要价值，提高保护海草床的意识显得尤为迫切。海草床保护是一项长期工作，宣传教育的影响比行政法规更长远更有效，其作用不能忽视。

（六）海草床的蓝碳效应

海草床是红树林以外的一个重要、典型的海洋生态系统，其固碳能力略低于红树林，全球平均年固碳量为138 ± 38克碳/米^2，高于除红树林外的几乎所有类型的海洋生态系统。研究表明，海草床是底栖藻类固着和繁衍的一个重要生境，已发现附生微藻种类达150种，其中大部分是硅藻。附生生物群落产生的初级生产力甚至可以占到整个海草床初级生产力的20%～60%。

海草床生态系统的固碳能力主要来源于四个方面：海草的初级生产力、海草茎与根对碳的固定、海草上附生植物的固碳作用、海草草冠对有机悬浮颗粒物的捕获。中国还处于海草床碳汇研究的起步阶段，仅有少数研究报道，全国范围的海草床固碳率和固碳量数据尚未见报道。

海草床生态系统的固碳、储碳过程主要体现在几个方面。首先，海草自身的初级生产力高。初步研究发现，分布在桑沟湾的大叶藻海草床的初级生产力为543克碳/（米²·年）。海草叶片上，通常附着较多的生物群落，可以进行光合作用，因而达到固碳作用。通过光合作用被海草植物固定的碳，有一部分会被运输到地下根状茎和根部进行存储。据估算，每年通过初级生产力固定的碳有15%～28%被长期埋存于海底，对海草床中表层沉积物有机碳库的贡献率达到50%左右。其次，海草床生态系统处在陆海交错带，是陆源物质入海后的前沿阵地，陆地径流输入的有机悬浮颗粒物等会被海草床生态系统截获，并促使它们沉积到海底，长期埋存于沉积物中，这是海草床固碳的另一条重要途径。封存于海草床沉积物中的有机碳长期处于厌氧状态，其分解率比存储在陆地土壤中的有机碳低，相对稳定。

另外，由于陆地森林易受火灾、病虫害等的干扰，导致所固定的碳不稳定，而且陆地森林很多为个人所拥有，易被砍伐变为农用地或改作其他用途，已被固定的碳常受火灾、砍伐、土地利用变化等干扰而重新释放于大气中。但位于海底的海草生境不受火灾等的干扰，病虫害相对也较少，因此，封存于海草床生态系统的碳相对更稳定。海草床等蓝碳生态系统可将碳封存于海底中达数千年，而陆地的热带雨林所封存的碳通常只能维持数十年，最多数百年。

综上，与其他生态系统相比，海草床生态系统所封存于海草床沉积物中的有机碳具有比陆地森林土壤中有机碳更低的分解率和更高的稳定性，这也是海草床生态系统固碳区别于其他生态系统固碳的一个显著特点。

四、盐沼湿地

盐沼湿地是基质为淤泥质或泥沙质的一种湿地生态系统，一般陆缘指含60%以上湿生植物的植被区，水缘指海平面以下6米的近海区域，包括江河流域中自然的或人工的、咸水的或淡水的、流动的或静止的、间歇的或永久的所有富水区域（枯水期水深2米以上的水域除外）。它是被海水周期性淹没的海岸草本高等植物生态系统，是滨海地区中具有特定自然条件和复杂生态系统的地域，是地球上生产力最高的生态系统之一，在维护陆地—海洋—大气系统中碳、氮、硫、磷等资源要素循环、生态系统平衡及生物多样性中发挥着重要作用。同时，盐沼湿地也是脆弱的生态敏感区，处于海洋和陆地两大生态系统的过渡地带，是一个"边缘地区"。

我国于1992年7月正式加入湿地公约组织。截至2003年1月，135个湿地公约缔约国中的1235个湿地被列入国际重要湿地名录，总面积达到10660万公顷。我国列入该名录的湿地共有21处，总面积达到303万公顷，其中属于滨海盐沼湿地的有海南东寨港、香港米埔和后海湾、上海崇明东滩、大连斑海豹国家级自然保护区、江苏大丰麋鹿自然保护区、广东湛江红树林、广东惠东港口海龟自然保护区、广西山口红树林、江苏盐城共9处。

（一）盐沼湿地的地理分布

盐沼湿地是我国最普遍的湿地类型之一，主要分布于沿海11个省（区）和港澳台地区，总体上以杭州湾为界，分成杭州湾以北和杭州湾以南两个部分。杭州湾以北的盐沼湿地除山东半岛、辽东半岛的部分地区为岩石型海滩外，其余多为沙质和淤泥质型海滩，主要由环渤海滨海湿地和江苏滨海湿地组成。环渤海滨海有莱州湾湿地、马棚口湿地、北大港湿地和北塘湿地，总面积约为600万公顷。黄河三角洲和辽河三角洲是环渤海的重要滨海湿地区域，其中辽河三角洲有集中分布的世界第二大苇田——盘锦苇田，其面积约为7万公顷。江苏滨海盐沼湿地主要由长江三角洲和黄河三角洲的一部分构成，仅海滩面积就达55万公顷，主要由盐城地区湿地、南通地区湿地和连云港地区湿地组成。杭州湾以南的盐沼湿地以岩石型海滩为主,其主要河口及海湾有钱塘江—杭州湾、晋江口—泉州湾、珠江口河口湾和北部湾等。

　　根据2009~2012年进行的第二次全国湿地资源调查结果,广西北部湾滨海盐沼湿地面积为431.35公顷(统计中仅包括不小于8公顷的湿地面积)。鉴于广西北部湾滨海盐沼湿地与红树林常形成交错带且斑块较小,第二次全国湿地资源调查的统计结果要比实际分布面积小。据何斌源等的调查,广西北部湾滨海盐沼湿地的面积应在1000公顷以上,且随着外来入侵种互花米草的持续扩散以及海三棱蔍草的发现,广西北部湾滨海盐沼湿地面积仍在持续增大(图5-7)。

图5-7　无人机航拍的广西北海市的滨海盐沼湿地

（二）盐沼湿地的群落构成

滨海盐沼湿地群落主要分布于淡水充足、底质为淤泥质的河口区潮间带。构成广西滨海盐沼湿地的植物种类主要有45种，隶属13科33属（表5-5）。其中数量最大的科为莎草科（6属17种），其次为禾本科（10属10种），这2个科共27种植物占广西滨海盐沼湿地植物总种数的60%。此外，含有超过1个种的科有菊科（5属5种）、藜科（3属3种）、马齿苋科（1属2种），其余8科均为单属单种。整体来看，广西滨海盐沼植物以单属单种为主，热带性强。

广西北部湾滨海盐沼植物中，可以形成盐沼湿地、连续分布且面积至少在1公顷以上的有茳芏、短叶茳芏、互花米草、海三棱藨草、芦苇、南方碱蓬等少数种类，其余种类分布较零散。常见的盐沼群落有茳芏群落、短叶茳芏群落、茳芏+短叶茳芏群落、互花米草群落、芦苇群落、海三棱藨草群落、海雀稗群落、南方碱蓬群落等。广西北部湾滨海盐沼湿地与红树林经常形成交错带，常见的共生群落有桐花树+茳芏群落、桐花树+短叶茳芏群落、桐花树+海三棱藨草群落等。

表5-5 广西北部湾滨海盐沼湿地的植物种类

科名	属名	中文名	拉丁学名
莎草科 Cyperaceae	莎草属 *Cyperus*	茳芏	*Cyperus malaccensis*
		短叶茳芏	*Cyperus mala*
		粗根茎莎草	*Cyperus stoloniferus*
	荸荠属 *Heleocharis*	木贼状荸荠	*Heleocharis equisetina*
		牛毛毡	*Heleocharis yokoscensis*
	飘拂草属 *Fimbristylis*	佛焰苞飘拂草	*Fimbristylis spathacea*

续表

科名	属名	中文名	拉丁学名
莎草科 Cyperaceae	飘拂草属 Fimbristylis	少穗飘拂草	*Fimbristylis schoenoides*
		锈鳞飘拂草	*Fimbristylis Ferrugineae*
		双穗飘拂草	*Fimbristylis subbipicata*
		独穗飘拂草	*Fimbristylis ovata*
		结壮飘拂草	*Fimbristylis rigidula*
		两歧飘拂草	*Fimbristylis dichotoma*
	海滨莎属 Remirea	海滨莎	*Remirea maritima*
	刺子莞属 Rhynchospora	华刺子莞	*Rhynchospora chinensis*
		刺子莞	*Rhynchospora rubra*
	藨草属 Scirpus	海三棱藨草	*Scirpus mariqueter*
		南水葱	*Scirpus validus*
禾本科 Poaceae	狗牙根属 Cynodon	狗牙根	*Cynodon dactylon*
	龙爪茅属 Dactyloctenium	龙爪茅	*Dactyloctenium aegyptium*
	白茅属 Imperata	白茅	*Imperata cylindrica*
	黍属 Panicum	铺地黍	*Panicum repens*
	雀稗属 Paspalum	海雀稗	*Paspalum vaginatum*
	芦苇属 Phragmites	芦苇	*Phragmites australis*

续表

科名	属名	中文名	拉丁学名
禾本科 Poaceae	米草属 *Spartina*	互花米草	*Spartina alterniflora*
	鬣刺属 *Spinifex*	老鼠芳	*Spinifex littoreus*
	鼠尾粟属 *Sporobolus*	盐地鼠尾粟	*Sporobolus virginicus*
	结缕草属 *Zoysia*	沟叶结缕草	*Zoysia matrella*
菊科 Compositae	蒿属 *Artemisia*	茵陈蒿	*Artemisia Capillaris*
	白酒草属 *Conyza*	小飞蓬	*Conyza canadensis*
	菊三七属 *Gynura*	白子菜	*Gynura divaricata*
	阔苞菊属 *Pluchea*	阔苞菊	*Pluchea indica*
	羽芒菊属 *Tridax*	羽芒菊	*Tridax procumbens*
藜科 Chenopodiaceae	滨藜属 *Atriplex*	匍匐滨藜	*Atriplex repens*
	盐角草属 *Salicornia*	盐角草	*Salicornia europaea*
	碱蓬属 *Suaeda*	南方碱蓬	*Suaeda australis*
马齿苋科 Portulacaceae	马齿苋属 *Portulaca*	马齿苋	*Portulaca oleracea*
		毛马齿苋	*Portulaca pilosa*
石蒜科 Amaryllidaceae	文殊兰属 *Crinum*	文殊兰	*Crinum asiaticum*
大戟科 Euphorbiaceae	守宫木属 *Sauropus*	艾堇	*Sauropus bacciformis*
草海桐科 Goodeniaceae	草海桐属 *Scaevola*	小草海桐	*Scaevola hainanensis*

续表

科名	属名	中文名	拉丁学名
白花丹科 Plumbaginaceae	补血草属 *Limonium*	中华补血草	*Limonium sinense*
番杏科 Aizoaceae	海马齿属 *Sesuvium*	海马齿	*Sesuvium portulacastrum*
旋花科 Convolvulaceae	番薯属 *Ipomoea*	厚藤	*Ipomoea pes-caprae*
玄参科 Scrophulariaceae	假马齿苋属 *Bacopa*	假马齿苋	*Bacopa monnieri*
刺鳞草科 Centrolepidaceae	刺鳞草属 *Centrolepis*	刺鳞草	*Centrolepis banksii*

（三）盐沼湿地的生态经济功能

滨海盐沼湿地的生态经济功能主要有促淤造陆、增加湿地面积，防风抗浪、减缓流速、保滩护岸，改良土壤、净化环境三个方面。

盐沼湿地是一个比较完整的生态系统。在该系统中，盐沼植物吸收光能和空气中的二氧化碳，将其转变为有机物和能量储存在根、茎、叶中。随着根、茎、叶的腐烂，再转变为有机质、腐殖质，成为微生物和小动物的食物，而微生物和小动物又成为各种鱼类和鸟类的食物。最后，这些鱼类和鸟类的粪便又增加了土壤的肥力，使盐沼湿地获得更好的发展。从生态学角度来看，盐沼植物是主要的初级生产者，它输出的有机物是浅海和光滩生物食物链的重要组成部分。盐沼生态系统不仅能使其本身得以完善的发展，而且能通过潮流作用，为邻近海域提供营养物质和能量。此外，盐沼湿地也为大量沿岸鸟类和水鸟提供越冬的场所。因此，盐沼湿地在促淤、护堤方面的作用及其在海岸生态环境中的地位是不可替代的。

海岸由于长期遭受潮汐、近岸流、海浪、风暴潮等因素的直接影响，经常出现侵蚀现象。为了减少上述因素给潮滩、堤岸造成的灾害，保证人民生命财产安全，过去主要采取的方法是用块石或钢筋混凝土来护岸。这种方法投资巨大，施工、材料、运输以及维护等方面存在很多困难。盐沼湿地的抗浪护岸作用是通过湿地植物消浪、缓流和对基地的稳固作用来实现的。植物根系及植物体通过对基地的稳固作用，降低了海浪和水流的冲击速度，从而减少海浪侵蚀。波浪是海岸塑造过程中的主要动力因素之一。在波浪向岸靠近的过程中，盐沼植物在波浪的冲击下向前方、下方摆动，当其弯曲到一定程度后，在水体浮力和自身恢复力（弹力）的作用下，会向后方、上方摆动。这种波浪和植物的相对运动以及植物茎叶的摩阻作用，可以导致波能衰减。潮流进入盐沼湿地后，由于植物茎叶阻挡导致流速减小。长江口潮间带的观测结果表明，盐沼植物可使近底流的流速降低16%～84%，且植物的盖度越大，盐沼湿地内观测点离盐沼湿地和光滩交界线的距离越大，流速降低越明显。因此，在广西北部湾保护和重建盐沼湿地后，就可以充分利用盐沼湿地生态系统复杂的"草连草、根连根"所形成的强固草滩的防风抗浪作用。当海浪来袭时，湿地植物可以削减波浪、降低流速，减轻波浪或风暴潮对海堤的破坏，促进潮流中泥沙的沉积，从而保护滩岸，降低海堤的造价。有研究表明，在英国，有盐沼湿地的海堤造价为1.4万英镑/千米，而没有盐沼湿地的海堤造价高达30万英镑/千米。

　　盐沼湿地是一个"沉积箱"和"转换器"，可以通过拦蓄径流中的悬浮物，移出和固定营养物质、有毒物质，沉淀沉积物等，降低土壤和水中营养物质、有毒物质及污染物的含量或使其转化为其他存在形式。湿地的净化与过滤功能有益于河流保持良好的水质和水域功能，防止因为泥沙的堆积而影响航运和分洪作用，同时可增加土壤中营养物质的含量，提高土壤的潜在肥力，有利于农牧业生产。广西北部湾盐沼湿地植物如芦苇、互花米草和海三棱藨草等分布较广，其根系发达，可深入土层40厘米处，对金属和非金属物质有较强的吸附作用，从而减少污水对水体的污染。因而，广西北部湾的滨海及河口的盐沼湿地成了稀释、净化污水的天然场所。盐沼湿地还具有调节区域气候的功能。一般来说，盐沼湿地周围的地区比其他地区气候相对温和湿润。盐沼湿地的晨雾还可以去除大气中的扬尘和颗粒物，从而净化空气，提高环境空气质量。

此外，盐沼湿地可以有效防止广西北部湾地势较低的沿海地区的淡水资源受到海水入侵的影响，为野生生物提供栖息地和避难所，保护濒危物种以维持生物多样性。

（四）盐沼湿地的生态保护

1. 盐沼湿地的现状

中国滨海盐沼湿地受人口增加和经济发展产生的巨大压力而破坏严重。自加入湿地公约组织之后，中国滨海盐沼湿地的研究和保护工作有了一定进展，在盐沼湿地资源调查、法制建设和技术手段等方面取得了一些成果。总体而言，中国滨海盐沼湿地研究水平较低，基础研究条件差，应在基础理论和基础设施方面进一步加强。

2. 保护盐沼湿地的生态意义

保护盐沼湿地的生态意义主要表现在保护生物多样性；调蓄洪水，防止自然灾害；降解污染物、滞留营养物；保护海岸线四个方面。

河口带来的大量悬浮物和营养盐在滨海盐沼湿地汇集沉淀，给生物种群的栖息和繁衍提供了良好的自然生态环境。盐沼湿地是重要的遗传基因库，对野生物种种群的存续、筛选和改良均具有重要意义。因此，盐沼湿地通常具有丰富的生物多样性。广西北部湾天然的盐沼湿地环境为鸟类、鱼类提供了丰富的食物和良好的生存繁衍空间，在物种繁衍和保护物种多样性方面发挥着重要作用。

盐沼湿地在控制洪水、调节河川径流、补给地下水和维持区域水平衡中发挥着重要作用，是蓄水防洪的天然"海绵"。广西北部湾地区降水的季节分配和年度分配不均匀，通过天然的盐沼湿地的调节，可以储存来自降水和河流过多的水量，从而避免发生洪水灾害，保证工农业生产稳定的水源供给。

进入水体生态系统的许多有毒有害物质，都是吸附在沉积物的表面或含在黏土的分子链内。因此，在盐沼湿地中，较慢的水流速度既有助于沉积物的下沉，也有助于与沉积物结合在一起的有毒有害物质的储存与转化。如盐沼湿地中的许多水生植物，包括挺水、浮水和沉水植物，它们的组织中富集重金属的浓度比周围水中的重金属浓度高出10万倍以上，许多植物还含有能与重金属链接的物质，从而参与重金属的解毒过程。径流带来的生活污水、农用肥和工业排放物会给近海海域带来营养物质。通常营养物质与沉积物结合在一起，当营养物质随沉积物沉降后，被盐沼湿地植物吸收，经化学和生物学过程转换且被储存起来。许多盐沼湿地在转移和排除营养物质方面的效率比陆地生境的效率高。因此，保护好广西北部湾的盐沼湿地，可以很好地降解污染物和滞留营养物质。

广西北部湾盐沼湿地中的植物根系及堆积的植物体对基地有稳固作用。此外，它们还可以沉降沉积物，削减海潮和波浪的冲力，从而防止或减轻海水对海岸线、河口湾的侵蚀。

3. 盐沼湿地的生态保护对策

第一，应加强盐沼湿地的生境保护。生境破坏是广西北部湾一些珍稀动物濒危的重要原因，通过生境管理和生境调整，可以减轻生境破碎化，补偿受损生境。应保护栖息环境，为水禽及盐沼湿地动物创建和谐的活动空间。对于濒危鸟类和水禽迁徙停歇地、栖息和繁殖地，应坚决不予随意开发和破坏。对于已经被破坏的生境，要通过生境调整修复一些替代生境，提高盐沼湿地生境的生态承载力，为珍稀濒危动物的栖息、繁衍营造良好的生态环境。

第二，应加强对污水的治理，减少输入污染物。广西北部湾盐沼湿地的自净能力毕竟是有限的，因而必须加强对污水的治理，限制污水排放量。在港口等的开发过程中，应加大监管力度，尽量减少污染。此外，还应合理规划农业，在滨海盐沼湿地周边开展生态农业建设，合理使用农药、化肥，研发高效、低毒、低残留的农药，积极推广有机肥、生物菌肥、配方施肥和平衡施肥，减少输入盐沼湿地的化肥、农药量。污水排污口应尽量靠近水交换活跃区以加快污染物的稀释扩散，充分发挥海洋的物理自净能力，净化北部湾的环境。

第三，应保证盐沼湿地生态需水，对其进行保护和修复。水是盐沼湿地演化的重要驱动力，因此，在保护和修复盐沼湿地时，要充分保证盐沼湿地的生态需水。在广西北部湾流域水资源规划与水资源配置中，要将生态需水作为重要的内容，积极发挥流域管理机构的宏观调控作用，进行统一调度、统一管理，协调好上游、下游用水的关系，保证盐沼湿地的生态需水。在一些由于过量抽取地下水导致海水入侵的地区，可在雨季回灌补充地下水，抬高地下水位，减弱海水对湿地的盐化作用。在恢复盐沼湿地环境时，应充分依靠其自然演化能力及人工修复措施，逐步恢复其受干扰前的结构、功能及相关的物理、化学和生物特性。对于需要生物修复的盐沼湿地，可采用微生物、植物恢复法进行修复，使其尽量恢复原貌。此外，还可根据土壤、水质条件栽种芦苇、翅碱蓬等耐盐碱植物，拆除废弃虾田、蟹田的塘坝、池埂，实施护岸堤防、道路改造、围栏建设等工程，恢复广西北部湾盐沼湿地的原有状态。

第四，应加强法制建设，切实保障湿地的管理与保护。法制建设是广西北部湾盐沼湿地资源保护的根本保证。中国现有的有关盐沼湿地的法律条款分散在《中华人民共和国森林法》《中华人民共和国野生动物保护法》《中华人民共和国野生植物保护条例》《中华人民共和国渔业法》等不同的法律条文中。行使管理职能的部门分属林业、环保、海洋、农业、渔业等部门，给管理造成很大的不便，导致实际工作中操作性差，执法困难。应尽快制定盐沼湿地保护与管理的专门法，逐步建立完善的盐沼湿地保护法律体系，明确统一的管理机构，协调不同部门之间的利益，切实保证湿地的有效管理和湿地环境的良性循环。

第五，公众的广泛参与是保障。生态环境关系着每个人的切身利益，广西北部湾盐沼湿地保护是社会性很强的公益事业，必须依靠全社会的共同参与和齐抓共管。除政府的主导作用外，公众思想觉悟的提高、公众的主动性与自觉性对盐沼湿地的保护也至关重要。因此，必须重视各个渠道的宣传、教育工作，培养公众的环境意识，使其认识到滨海盐沼湿地保护的紧迫性。同时应建立和完善公众参与的制度和机制，鼓励公众广泛参与到盐沼湿地生态环境保护活动中来。可以在学校开设相关课程，对中小学生进行教育；通过电视、广播、网络等媒体广泛宣传盐沼湿地的环境功能及重要的经济价值；举办环保知识讲座，呼吁全社会保护盐沼湿地；设立盐沼湿地保护基金，保证盐沼湿地保护工作顺利进行。只有综合采取以上措施才能保证广西北部湾盐沼湿地的保护、开发工作得以顺利进行，才能将盐沼湿地的保护、开发纳入北部湾循环经济体系，进而将其作为其中的重要部分促进经济、社会、环境、生态协调发展。

（五）盐沼湿地的蓝碳效应

盐沼湿地有着较高的碳沉积速率和固碳能力，在缓解全球气候变暖方面发挥着重要的作用。盐沼湿地土壤中所积累的有机物有内源输入和外源输入两种，内源输入主要指湿地植被的地上凋落物和地下根残体、浮游植物、底栖生物的初级生产和次级生产的输入；外源输入主要指通过外界水源补给过程，如地表径流、地下水和潮汐等携带进来的颗粒态和溶解态有机质。中国海岸带的盐沼湿地面积为17.17万公顷，总固碳量为0.4×10^{12}克碳/年，年固碳效率初步估算为235.6克碳/米^2，略高于全球平均水平。盐沼植被作为滨海潮滩有机碳的最主要来源，植被类型差异显著影响盐沼湿地的固碳能力。如长江口崇明东滩的芦苇带湿地植被的固碳能力为1240～2020克碳/（米^2·年），而海三棱藨草湿地植被的固碳能力仅为350～910克碳/（米^2·年）。盐沼植被的差异也会影响湿地土壤的有机碳含量，如贾瑞霞等在闽江河口盐沼湿地调查发现，芦苇下土壤有机碳含量及储量最大，咸草下土壤次之，蕉草下土壤最小。可见湿地土壤的有机碳含量与储量和植物种类及其生物量密切相关。

近年来，盐沼湿地在全球碳封存中的重要性备受关注，引发了相关研究的快速发展。然而，由于当前对控制滨海盐沼湿地碳储存变异的基本因素尚未认识充分，对测量盐沼湿地沉积物碳储量和沉积碳埋藏速率的方法还未形成统一标准，对潮汐影响下盐沼湿地碳与邻近生态系统之间的横向交换通量的量化等研究仍有待深入，因此在测量碳储存时，很难进行准确的碳收支评估。

五、珊瑚礁

珊瑚礁的主体是珊瑚虫。珊瑚虫是海洋中的一种腔肠动物，在生长过程中能吸收海水中的钙和二氧化碳，然后分泌出石灰石，并将其变为自己生存的外壳。每一个单体的珊瑚虫只有米粒大小，它们一群群地聚居在一起，一代代的生长繁衍，同时不断分泌出石灰石，并黏合在一起。这些石灰石经过后来的压实、石化，形成岛屿和礁石，也就是珊瑚礁。珊瑚礁在深海和浅海中均有存在，它们为蠕虫、软体动物、海绵、棘皮动物和甲壳动物等多种动植物提供了生存环境。此外，珊瑚礁还是大洋带鱼类幼鱼的生长地。

珊瑚礁是一种重要的海洋生态资源。作为海洋中极为特殊的一类生态系统，它因惊人的生物多样性和极高的初级生产力而被誉为"海洋中的热带雨林"和"蓝色沙漠中的绿洲"。一般认为珊瑚礁达到了海洋生态系统发展的上限，它是无数海洋生物理想的栖息场所，其中已经记录的海洋生物种类高达近10万种，占已记录的海洋生物种类的一半以上。在一个珊瑚礁区共同生活的鱼类种数可高达3000种。珊瑚礁区鱼类的密度是大洋鱼类平均密度的100倍以上。世界上近一半的海岸线位于热带，其中约有三分之一是由珊瑚礁组成的，100多个国家有珊瑚礁分布。珊瑚礁不仅能为世界各地沿海地区的居民提供海洋水产品、海洋新药材、建筑和工业原材料及旅游休闲收益，还能抗御风浪侵袭、保护岸堤，是地方和国家的重要财富。近年来，由于遭受人为和自然的双重压力，珊瑚礁出现了不同程度的退化和白化现象。为了唤起人们对珊瑚礁保护的意识，国际上将1997年定为"珊瑚礁年"。

（一）珊瑚礁的地理分布

在广西北部湾地区，珊瑚礁生态系统主要分布在涠洲岛的西南部、北部和东部以及斜阳岛，其中涠洲岛的珊瑚礁海岸发育较好（图5-8）。

涠洲岛地处北纬21° 00′～21° 10′、东经109° 00′～109° 15′，属热带季风气候区，多年平均海水温度为24.55℃，在造礁珊瑚最适温度（24.5～29℃）范围内。截至目前，涠洲岛已探明的珊瑚分属26个属科共43个种类。涠洲岛珊瑚礁是我国最北端的成片珊瑚礁，主要分布于岛的北面、东面和西南面，是北部湾近海海洋生态系统的重要组成部分。

图5-8 广西北部湾涠洲岛的海底珊瑚

涠洲岛周边的海水属于一类海水水质，虽然水质良好，但有部分种类的珊瑚依然出现了衰退的迹象，如比较靠近海岸的鹿角珊瑚。

（二）珊瑚礁的群落组成

黄晖和梁文等通过对涠洲岛沿岸海域进行生态调查，了解了珊瑚礁的种类、分布状况及覆盖率等，发现整个岛区的珊瑚属种分布比较均匀，在科级组成中，蜂巢珊瑚科、滨珊瑚科、鹿角珊瑚科为优势类群；在属级组成中，角蜂巢珊瑚属、滨珊瑚属、蔷薇珊瑚属为优势类群（表5-6、表5-7）。

表5-6　涠洲岛珊瑚种类名录

科	属	种
滨珊瑚科 Poritidae	滨珊瑚属	扁枝滨珊瑚 *Porites andrewsi*
		澄黄滨珊瑚 *Porites lutea*
		普哥滨珊瑚 *Porites pukoensis*
	角孔珊瑚属	二异角孔珊瑚 *Goniopora duofasciata*
		角孔珊瑚 *Goniopora* sp.
		柱角孔珊瑚 *Goniopora columna*
蜂巢珊瑚科 Faviidae	扁脑珊瑚属	扁脑珊瑚 *Platygyra* sp.
		交替扁脑珊瑚 *Platygyra crosslandi*
		精巧扁脑珊瑚 *Platygyra daedalea*

续表

科	属	种
蜂巢珊瑚科 Faviidae	刺孔珊瑚属	刺孔珊瑚 *Echinopora* sp.
	刺星珊瑚属	锯齿刺星珊瑚 *Cyphastrea serailia*
	蜂巢珊瑚属	标准蜂巢珊瑚 *Favia speciosa*
		蜂巢珊瑚 *Favia* sp.
		罗图马蜂巢珊瑚 *Favia rotumana*
		翘齿蜂巢珊瑚 *Favia matthaii*
	角蜂巢珊瑚属	海孔角蜂巢珊瑚 *Favites halicora*
		角蜂巢珊瑚 *Favites* sp.
		秘密角蜂巢珊瑚 *Favites abdita*
	菊花珊瑚属	粗糙菊花珊瑚 *Goniastrea aspera*
		菊花珊瑚 *Goniastrea* sp.
		少片菊花珊瑚 *Goniastrea yamanarii*
		网状菊花珊瑚 *Goniastrea retiformis*
	小星珊瑚属	横小星珊瑚 *Leptastrea transversa*
		紫小星珊瑚 *Leptastrea purpurea*
菌珊瑚科 Agariciidae	牡丹珊瑚属	牡丹珊瑚 *Pavona* sp.

续表

科	属	种
菌珊瑚科 Agariciidae	牡丹珊瑚属	十字牡丹珊瑚 *Pavona decussata*
		叶形牡丹珊瑚 *Pavona frondifera*
		易变牡丹珊瑚 *Pavona varians*
鹿角珊瑚科 Acroporidae	假鹿角珊瑚属	尖锥假鹿角珊瑚 *Anacropora tapera*
	鹿角珊瑚属	粗野鹿角珊瑚 *Acropora humilis*
		多孔鹿角珊瑚 *Acropora millepora*
		佳丽鹿角珊瑚 *Acropora pulchra*
		浪花鹿角珊瑚 *Acropora cytherea*
		美丽鹿角珊瑚 *Acropora formosa*
		霜鹿角珊瑚 *Acropora pruinosa*
		松枝鹿角珊瑚 *Acropora brueggemanni*
	蔷薇珊瑚属	单星蔷薇珊瑚 *Montipora monasteriata*
		浅窝蔷薇珊瑚 *Montipora foveolata*
		鬃刺蔷薇珊瑚 *Montipora hispida*
	星孔珊瑚属	多星孔珊瑚 *Astreopora myriophthalma*
裸肋珊瑚科 Merulinidae	刺柄珊瑚属	腐蚀刺柄珊瑚 *Hydnophora exesa*

续表

科	属	种
木珊瑚科 Dendrophylliidae	陀螺珊瑚属	波形陀螺珊瑚 *Turbinaria undata*
		不规则陀螺珊瑚 *Turbinaria irregularis*
		盾形陀螺珊瑚 *Turbinaria peltata*
		复叶陀螺珊瑚 *Turbinaria frondens*
		优雅陀螺珊瑚 *Turbinaria elegans*
		皱褶陀螺珊瑚 *Turbinaria mesenterina*
		小星陀螺珊瑚 *Turbinaria stellulata*
枇杷珊瑚科 Oculinidae	盏形珊瑚属	丛生盏形珊瑚 *Galaxea fascicularis*
		稀杯盏形珊瑚 *Galaxea astreata*
石芝珊瑚科 Fungiidae	帽状珊瑚属	小帽状珊瑚 *Halomitra pileus*
	足柄珊瑚属	壳形足柄珊瑚 *Podabacia crustacea*
梳状珊瑚科 Pectiniidae	刺叶珊瑚属	粗糙刺叶珊瑚 *Echinophyllia aspera*
铁星珊瑚科 Siderastreidae	沙珊瑚属	毗邻沙珊瑚 *Psammocora contigua*
		深室沙珊瑚 *Psammocora profundacella*
褶叶珊瑚科 Mussidae	棘星珊瑚属	棘星珊瑚 *Acanthastrea echinata*
	叶状珊瑚属	赫氏叶状珊瑚 *Lobophyllia hemprichii*

表5-7   涠洲岛海域珊瑚优势种及其优势度

区域	优势种	优势度（%）
南湾	澄黄滨珊瑚 *Porites lutea*	70.6
北港	十字牡丹珊瑚 *Pavona decussata*	81.4
滴水丹屏	多孔鹿角珊瑚 *Acropora millepora*	62.3

注：优势度是指优势种覆盖率占总活造礁珊瑚覆盖率的百分比。

（三）珊瑚礁的生态经济功能

珊瑚礁生态系统是海洋生境的一种，同红树林、海草床、盐沼湿地一样，在维持渔业经济、保障生物多样性和保持生态平衡等方面具有重要作用。它在维持自身动态平衡的同时，承担着调节海洋环境、提供海岸保护、阻挡沉积物的功能；它能通过固氮作用进行海洋氮的循环利用，通过生物作用维护二氧化碳和钙的收支平衡；它是种群的栖息地和避难所，调节热带、亚热带海洋种群食物链的平衡；它的净初级生产力是人类食物和工业原材料的巨大输出地。珊瑚礁的生态经济功能主要体现在维持渔业资源、为人类提供药物及其他资源、是潜力极大的旅游资源三个方面。

珊瑚礁生物群落是海洋环境中物种最丰富、多样性程度最高的生物群落。珊瑚礁的分布面积仅占全球陆地面积的1%，但生活在其中的海洋生物种类繁多，几乎所有的海洋生物门类都有代表性属种生活在珊瑚礁里面。据报道，世界海洋鱼类中有25%仅分布在珊瑚礁水域。对于居住在珊瑚礁附近的居民们来说，珊瑚礁是获取蛋白质的最佳场所。在涠洲岛，珊瑚礁是维持渔业资源、获得商业价值的重要保障。

珊瑚礁生态系统还为人类提供了丰富的海洋艺术品。珊瑚礁骨质紧密，经精工雕琢可制成精致的工艺品，如雕刻成戒指、佛珠、项链、耳环等首饰以及人像、花鸟虫鱼、珍禽异兽等艺术珍品。此外，珊瑚礁还可以用作建筑材料。

珊瑚礁集热带风光、海洋风光、海底风光、珊瑚花园、生物世界于一体，是发展生态旅游的绝好胜景。珊瑚的形态丰富，颜色各异，黄、红、橙、白、紫、蓝、绿各色应有尽有，美丽非凡，构成仙境般的水下奇观，很有观赏价值。在不破坏自然环境的前提下，游客在观赏珊瑚礁的同时，还可看到各种各样的海底植物及海底动物。在涠洲岛，珊瑚礁资源吸引了大量的游客前来观赏，不仅促进了旅游业的发展，也为当地的居民提供了许多就业机会。由此可见，只要能适度安排旅游观光，并及时做好管理及监测，就能够确保涠洲岛珊瑚礁生态旅游的可持续发展。

总而言之，珊瑚礁是一种生态经济效益很高的海洋生态系统，应对其加以保护，甚至可以说，保护好珊瑚礁，就是保障涠洲岛渔业、旅游业等相关产业的发展。

（四）珊瑚礁的生态保护

珊瑚礁生态系统作为浅海区极具特色的重要的生态系统，具有极高的初级生产力和生物多样性，被誉为"海洋中的热带雨林"。由于珊瑚礁具有极高的观赏价值和药用价值，近年来，涠洲岛珊瑚礁的人为破坏较为严重。因此，无论是为了维持生态系统的完整性与平衡性，还是为了人与自然的和谐发展，对涠洲岛珊瑚礁的保护都迫在眉睫、刻不容缓。

1. 珊瑚礁的白化

珊瑚礁白化是由于珊瑚失去体内共生的虫黄藻或共生的虫黄藻失去体内色素而导致五彩缤纷的珊瑚礁变白的生态现象。早在20世纪30年代人们就认识到在环境胁迫下珊瑚会失去大量的虫黄藻而变白，并首次提到了白化。珊瑚生存环境受高温、高辐射、低温、高（低）

盐度、有毒污染物、病毒及这些因素的共同影响，这些因素都能导致珊瑚礁发生白化。目前人们提及的珊瑚礁白化多指由于全球气候变暖（高辐射）导致的大范围珊瑚礁白化事件，它以影响面积大、破坏严重为主要特点。除自然因素以外，不合理的人类活动导致的泥沙淤积、城乡水源污染、挖礁、炸鱼和滥采集珊瑚活体等，也会使珊瑚礁生态系统面临着严重的退化及白化威胁，尤其是靠近大陆和高密度人群的珊瑚礁，其生存情况更为严峻。

珊瑚礁是全球最大的生态系统之一，然而，珊瑚礁白化却给这个和谐的生态系统带来了灾难。珊瑚礁白化后，珊瑚大面积死亡，造成珊瑚礁生态系统严重退化。珊瑚礁白化后，海藻大量生长，一方面占据了珊瑚礁的固着体，另一方面藻类覆盖在珊瑚上会造成珊瑚窒息死亡。研究表明，当珊瑚礁区的造礁珊瑚较少时，大海藻将大量生长并逐渐成为优势群体，这时珊瑚礁将由海藻型取代珊瑚型。珊瑚礁白化后，其珊瑚骨骼和外层结构易被海浪摧毁。白化事件几年后，会有大量的碎石留在珊瑚礁及其斜坡上，这些破碎的珊瑚骨骼不利于新珊瑚的生长和固着。珊瑚礁白化破坏珊瑚礁的原有结构，减缓珊瑚礁的生长，降低珊瑚的繁殖能力。珊瑚礁发生白化后，尽管有恢复功能，但白化后恢复的珊瑚组成和白化前相比有一定的变化。珊瑚礁白化不仅破坏了礁栖生物的生存环境，还断绝了一些礁栖生物的食物来源。研究发现，珊瑚礁白化后，珊瑚礁区生活的鱼群组成较白化前有所不同，有些种类的鱼丰度严重降低，有些则有增加趋势。

珊瑚礁白化后，如果其生活环境有所改善，珊瑚礁可恢复到原来的景象。但从恢复过程来看，完全恢复大范围白化的珊瑚礁需要几年到几十年时间。珊瑚礁白化的恢复有三种方式。其一是原来已经白化的珊瑚重新获得虫黄藻，从而获得新生。白化的珊瑚通过这种方式几天就可以恢复。其二是珊瑚白化死亡后，在原珊瑚体上芽殖出新珊瑚。其三是在珊瑚礁区通过有性生殖或者附近珊瑚礁中的珊瑚浮浪幼体移居重新获得新居住珊瑚。在人类活动较少的偏远海域，珊瑚礁恢复的速度较快。如在澳大利亚大堡礁，由于人类干扰活动相对较少，珊瑚礁白化后的恢复速度较快。而在人类干扰活动较频繁的加勒比海地区，珊瑚礁恢复速度比较慢。此外，一些以珊瑚为食的动物（如棘冠海星）爱吃新移居的珊瑚（尤其是鹿角珊瑚），阻碍了珊瑚礁的恢复进程。

从2005年涠洲岛珊瑚礁的生态调查结果来看，整个涠洲岛海域的死亡珊瑚覆盖率很高（表5-8），珊瑚的死亡时间主要在1～2年内，死珊瑚覆盖率平均为31.4%。北港浅水区的死珊瑚覆盖率最高，达到91.3%。滴水丹屏和南湾浅水区死珊瑚覆盖率分别达到51%和39.7%。不过，深水区（3～5米）死珊瑚覆盖率很低，说明涠洲岛浅水区比深水区珊瑚礁遭到的破坏程度更大。

表5-8　2005年涠洲岛海域1～2年内死亡的珊瑚覆盖率

区域	死亡珊瑚覆盖率（%）			备注
	1～3米	3～5米	平均值	
南湾	39.7	0	19.8	平均死珊瑚覆盖率为31.4%
滴水丹屏	51.0	6.7	28.8	
北港	91.3	0	45.7	

2. 保护珊瑚礁的生态意义

保护珊瑚礁一方面能为海洋生物提供生存环境，维护生物多样性，另一方面能促淤保滩、固岸护堤，保护海岸线。此外，保护珊瑚礁还能缓解温室效应。

在所有的海洋生态系统中，珊瑚礁的生物多样性是最丰富的，其丰富程度只有热带雨林可以与之比拟。珊瑚礁是所有已知海洋栖息地中物种最丰富的地区。珊瑚礁生物群落具有旺盛的生产力，其净生产力比河口区还高。

珊瑚礁能使脆弱的海岸线免于被海浪侵蚀。珊瑚礁就好像自然的防波堤一般，70%～90%的海浪冲击力量在遭遇珊瑚礁时会被吸收或减弱，是对红树林防风消浪的一种有效的补充。目前国内外很多地区都形成了海防林-红树林-珊瑚礁的海岸保护线，均取得了很好的效果。在2004年12月26日发生的印度尼西亚大海啸中，同样遭受海啸冲击的毛里求斯，因为其周围拥有发达的珊瑚礁，几乎没有遭受损失。事实证明，珊瑚礁具有很强的消能作用，可以说，珊瑚礁已成为人类重要的避难所。

珊瑚礁在造礁的过程中，通过体内的虫黄藻吸收大量的二氧化碳，不断地将海水里的二氧化碳转化成碳酸钙。这个过程有助于调节海水中的二氧化碳含量，减缓全球气候变暖的速度，从而缓解温室效应。如果没有了珊瑚，海洋中的二氧化碳含量很可能急剧增加，进而对全球生命体产生不良的影响。

3. 珊瑚礁的生态保护对策

珊瑚礁对人类的重要性不必多说，加强生态保护刻不容缓。以涸洲岛为例，在珊瑚礁的生态保护对策方面，第一，应建立涸洲岛珊瑚礁长期监测机制。通过开展针对涸洲岛珊瑚礁生态系统的调查，对珊瑚礁生态系统进行分级，划分出生态脆弱区域、一般区域以及较旺盛区域；查清珊瑚礁死亡区域、危急区域以及暂且平安区域。同时对珊瑚礁恢复做出评价分析，分为可恢复区域、不可恢复区域以及不需要人工恢复区域等。通过系统的分级调查，针对不同情况分别采取相应的保护措施。此外，还应建立涸洲岛珊瑚礁长期监测机制，掌握珊瑚礁自然生长信息，并加强评估珊瑚礁生态旅游的负面冲击，以确保珊瑚礁生态系统的可持续发展。

第二，应制定珊瑚礁生态功能区划。可邀请中国海洋局等有关部门对涸洲岛珊瑚礁进一步进行详细调查，摸清涸洲岛珊瑚礁生态系统发育状况，并据此因地制宜地研究制定涸洲岛珊瑚礁生态功能区划，合理利用珊瑚礁资源，遏制涸洲岛珊瑚礁生态系统退化情势。

第三，应加强旅游产业的监督管理。珊瑚礁生态旅游为涸洲岛带来了新的收入，保护珊瑚礁无疑比摧毁珊瑚礁更具有经济效益。然而，旅游观光产业也存在着负面影响，要谨慎合理地开发，以确保珊瑚礁的可持续利用。在开展珊瑚礁海底潜水旅游项目前，要对项目进行环境影响评估；在开发新的旅游项目之前，要展开关于如何将项目影响程度降至最低的研究，准备充足的废弃物处理设备，必要时限制旅游观光客的数量，以防止对环境造成危害。

第四，迫切需要建立珊瑚礁自然保护区。涠洲岛的珊瑚环岛生长（历史上西边没有成礁），群体大，种类多，岛周围的自然环境非常适宜珊瑚生长、繁衍。保护好涠洲岛珊瑚礁生态环境，对于该岛及其海区生物多样性的保持、渔业和旅游业的发展、科学研究和科普教育都具有重要意义。目前在涠洲岛只建立了涠洲岛自治区级鸟类自然保护区和涠洲岛火山国家地质公园，尚未建立珊瑚礁保护区。建立珊瑚礁自然保护区，是保护珊瑚礁生态环境和生物多样性的有力措施。1975年，澳大利亚的大堡礁成为世界上第一个珊瑚礁保护区。该保护区建立后，在保护区及其附近礁区，渔业鱼产量保持稳定并有显著提高的趋势，还带动了生态旅游业的发展，从而促进了地方经济的发展。建立涠洲岛珊瑚礁保护区可以使珊瑚资源得到有效保护，并提供良好的研究基地，方便科研人员开展长期的生态监测和研究，进而为珊瑚礁的保护及管理提供科学依据。

第五，应加大珊瑚礁环境保护的监管力度。加强海洋环境执法监察，由环保、海洋、工商、旅游、渔业等有关部门组成联合执法队伍，严厉打击破坏涠洲岛珊瑚礁资源和水生野生动物的行为，严格控制和合理开发珊瑚礁资源，控制通向珊瑚礁区域的通路和航线，规范渔民的作业和捕捞方式，尤其是要坚决取缔炸鱼等毁灭性的捕捞方式，消除对涠洲岛珊瑚礁的破坏性干扰。

第六，应普及珊瑚礁知识，提高人们的保护意识。保护涠洲岛珊瑚礁是一项以保护全民利益为目标的长期任务，需要人们共同的关注和维护，因此普及珊瑚礁知识必不可少。加强珊瑚礁生态保护的教育工作，要向涠洲岛沿海居民、渔民和游客进行全面宣传教育，普及珊瑚礁科学知识，让公众了解珊瑚礁对当地的自然环境和居民生活质量的长远影响，逐步形成群众性的生态科普教育活动，使其自觉避免破坏行为并参与保护工作。可以组织青少年开展以认识和保护珊瑚礁生态环境为主题的夏令营、冬令营等活动，大力推行生态教育，培养具有生态环境保护知识和意识的一代新人。还可以建立公众参与制度，只有公众共同参与，共同保护，才能自下而上地完成对珊瑚礁的保护。

（五）珊瑚礁的蓝碳效应

珊瑚礁是海洋中生产力水平最高的生态系统之一，是海洋中最主要的碳酸盐生产区，其碳酸盐年产率达到全球海洋碳酸盐年产率的7%～15%。珊瑚礁生态系统的碳循环受到有机碳代谢（光合作用、呼吸作用）和无机碳代谢（钙化、溶解）两大代谢过程的共同作用，过程十分复杂。珊瑚礁植物的光合作用保证了有机碳的有效补充，动物摄食及微生物降解等生物过程驱动了珊瑚礁区有机碳高效循环，只有不超过7%的有机碳进入沉积物。向大洋区水平输出的有机碳通量变化幅度较大，主要受到水动力条件的影响。由于其高生产力水平、高碳酸钙生产量、快速变化的生态特征和复杂的理化环境，珊瑚礁的碳循环过程虽然一直备受关注，但关于现代珊瑚礁究竟是大气二氧化碳的"源"还是"汇"的认识却一直存在较大的争议。珊瑚礁由于净钙化作用导致海水中二氧化碳的分压上升而表现为大气二氧化碳的"源"，但Kayanne等人在Shiraho岸礁的研究表明，其也存在"汇"的可能。近年来，广西大学余克服研究团队通过对南海珊瑚礁的三种主要类型（岸礁、环礁、台礁）开展夏季珊瑚礁区海-气二氧化碳的连续观测研究，得出南海珊瑚礁夏季为大气二氧化碳"源"的结论。同时，他们对海南鹿回头岸礁进行了不同季节的现场观测研究，海-气二氧化碳通量的研究结果显示，不同季节鹿回头岸礁均表现为大气二氧化碳的"源"，在生产力水平最高的夏季其"源"的作用最强。

　　珊瑚礁作为发育在热带及部分亚热带海域的具有高生产力水平的生态系统，其有机碳的循环效率很高，虫黄藻等藻类的光合作用是有机碳输入的稳定来源，直接影响到珊瑚礁生态系统的发育。同时，作为必要的补充，珊瑚礁生态系统也必然从礁外海水和生物中输入了碳。无机碳是珊瑚礁生态系统中碳的主要存在形式，其总碳的收支主要受溶解平衡与钙化作用的控制。珊瑚礁区碳酸盐沉积（无机碳代谢）是全球碳酸盐库的重要组成部分，年累积量达到全球碳酸钙年累积量的23%～26%，是影响大气二氧化碳浓度的重要因素。珊瑚礁是大气二氧化碳的"源"还是"汇"取决于净有机生产力与净无机生产力的比值，当比值小于0.6时，珊瑚礁区是大气二氧化碳的"源"；反之，则是大气二氧化碳的"汇"。

　　但从地质年代的长时间尺度看，由于珊瑚礁不断积累碳酸钙，应是大气二氧化碳的"汇"。在珊瑚白化和死亡现象日趋严重的今天，保护好珊瑚礁，加强对珊瑚礁碳循环的研究，对全球碳汇，尤其是海洋蓝碳的认识与利用，显得尤为迫切和重要。目前，对珊瑚礁的研究，已经从单一礁体的短期研究发展为对不同位置不同类型的礁体进行长期的观测研究，而且不断地引进一些新的分析研究手段。但是，珊瑚礁的研究仍然存在很多亟待解决的问题，如珊瑚礁常发育在营养贫瘠的热带海区，但其却有较高的初级生产力水平和几乎为零的净生产力，它们如何维持较高的生产力，其高效的物质循环机制又是什么，等等。

第六章

北部湾地区的千年演进

　　曾经，广西是一个遥远、神秘、荒芜的地方，遍地荆棘、瘴气弥漫、猛兽横行，因此成为封建社会贬官流放的主要地方之一。然而，世代繁衍在八桂大地上的广西人民，克服了恶劣的自然条件，与深山大海斗争共存，一步步走向了现代文明。

　　改革开放后，西部大开发政策的实行，中国－东盟自由贸易区的逐步建立，中国－东盟博览会在南宁的永久落户，泛珠三角区域的密切合作，使广西从悠久的历史走出，奔向美好的明天。

　　2006年的春天，广西北部湾经济区规划建设管理委员会及其办公室挂牌成立，沉睡多年的北部湾被唤醒，北部湾经济区扬帆起航。

一、古丝探迹

　　先秦时期岭南的先民已开始进行出海贸易，但较大规模的海外贸易是从秦汉时期的海上丝绸之路开始的。秦汉时期，在我国南方首先兴起了一条海上对外贸易的路线，即海上丝绸之路。秦汉时期环北部湾地区的合浦、徐闻是海上对外贸易的重要始发港。灵渠的开通，连通了合浦港—南流江—北流江—桂江—漓江—灵渠—湘江—长江的水路，实现了北部湾与长江流域、中原地区的联系，并使这些地区通过合浦与东南亚、南亚、西亚、北非、欧洲等地发生直接或间接的经济和文化往来。

在广西合浦、贵港等地以及越南、印度尼西亚等国家的汉墓中出土的大量汉代钱币，就是当时合浦作为海上丝绸之路始发港和对外贸易兴盛地区的历史见证。这些汉币进一步佐证了从合浦出发到东南亚等地的海上丝绸之路的存在，同时印证了汉代中国对东南亚的影响，以及广西是古代中国对外贸易、人文交流的重要门户和枢纽。

"合浦"意为江河汇集于海的地方。汉元鼎六年（公元前111年）始设合浦郡，元封五年（公元前106年），设置交趾刺史部，合浦郡隶属于交趾刺史部。据《汉书·地理志》记载："合浦郡，武帝元鼎六年开。莽曰桓合。属交州。户万五千三百九十八，口七万八千九百八十。县五：徐闻，高凉，合浦，有关。莽曰桓亭。临允，牢水北入高要入郁，过群三，行五百三十里。莽曰大允。朱庐。都尉治。"合浦作为汉代海上丝绸之路的始发地之一，具有得天独厚的条件。

汉初文景之治后，社会安定，经济繁荣。尤其是自汉武帝开始，着意向南方海外国家拓展贸易，促进中国与东南亚及印度洋沿岸国家之间海上航路的发展。班固在《汉书·地理志》中记述了汉朝使节访问东南亚、南亚一些国家的航程："自日南障塞，徐闻、合浦船行可五月，有都元国，又船行可四月，有邑卢没国；又船行可二十余日，有谌离国；步行可十余日，有夫甘都卢国。自夫甘都卢国船行可二月余，有黄支国，民俗略与珠崖相类。其州广大，户口多，多异物，自武帝以来皆献见。有译长，属黄门，与应募者俱入海市明珠、璧流离、奇石异物，赍黄金，杂缯而往。所至国皆禀食为耦，蛮夷贾船，转送致之。亦利交易，剽杀人。又苦逢风波溺死，不者数年来还。大珠至围二寸以下。平帝元始中，王莽辅政，欲耀威德，厚遗黄支王，令遣使献生犀牛。自黄支船行可八月，到皮宗；船行可二月，到日南、象林界云。黄支之南，有已程不国，汉之译使自此还矣。"这段文字记载虽然简略，但却明白无误地表明我国在西汉时期就已与西南洋地区海道相通，是关于我国与西南洋地区海路交通的最早记录，是我国海船经南海，通过马六甲海峡在印度洋航行的真实写照。其所记载的这条路的回程，不再经陆路，而是绕过马六甲海峡，总航行时间延长。当陆上丝绸之路受阻时，这条海上丝绸之路就更显出其重要性。

广西北海合浦汉代文化博物馆（图6-1）馆藏有为数不少的合浦汉代出土文物，包括陶器、金银器、玉器、水晶、玛瑙、玻璃器、瓷器等共计936件（套），其中水晶21件、玛瑙29件、琥珀13件、玻璃41件、金属器352件、玉器12件、陶器362件、其他杂项106件。这些文物直接或间接地反映了当时海上丝绸之路的繁华景象。如合浦出土的不少汉代玻璃器，经检测，其中有钾硅玻璃，也有我国中原地区产的铅钡玻璃，还有一些产于西方的钠钙玻璃。国外博物馆展出的玻璃器，无论从器型还是从成分来看，都与合浦汉墓出土的玻璃器有所不同。鉴于在合浦的平民墓中也出土了一些十分珍贵的玻璃器，因此有些专家认为，通过海上丝绸之路，大量舶来品传入的同时，先进的生产技术也相应地传入我国，能工巧匠们最终学会了运用本地的原材料制作玻璃器。

图6-1　北海合浦汉代文化博物馆

二、历史沿革

战国后期，秦始皇统一了中国，建立第一个封建王朝，北部湾地区开始纳入中央政府的管辖。秦始皇三十三年（公元前214年），设立了桂林、象、南海3个郡，南宁属于古代桂林郡管辖范围，北海、钦州、防城港属于古代象郡管辖范围。秦朝灭亡后，汉高祖三年（公元前204年），赵佗起兵兼并桂林郡和象郡，在岭南建立南越国，自称"南越武王"。

汉元鼎六年（公元前111年），东越王余善恃强据险，公开与汉王朝分庭抗礼，"刻'武帝'玺自立"，招来灭顶之灾。汉武帝发兵进逼闽越，繇王居股杀余善降汉，汉兵于"元封元年冬，咸入东越"，平定了闽越乱。汉武帝还采取"徙民虚其地"的办法，将闽越臣民迁至江淮间，一把大火烧毁了闽越的城池王宫。南越国灭，汉朝廷在今两广及越南等地设置苍梧、合浦、郁林、南海、儋耳、珠崖、九真、日南、交趾九郡，南宁属郁林郡管辖，北海、钦州、防城港属合浦郡管辖。至此，大汉王朝的版图才真正覆盖了整个岭南地区。

汉末三国时期，广西北部湾地区属吴国管辖。宋、齐、梁、陈时，广西属湘州和广州管辖。钦州最早建制于南朝末年，南北朝宋代时期置末寿郡，梁代设安州。隋开皇十八年（598年）改安州为钦州，取"钦顺之义"。亦有史料记载其取钦江为名。唐武德五年（622年）改宁越郡为钦州总管府。唐贞观八年（634年），设邕州下都督府，这就是南宁简称"邕"的由来。隋唐时期，广西北部湾地区经济社会获得了很大的发展。

宋朝时期，广西大部分区域属广南西路管辖，简称"广西路"，这也是"广西"之名的由来。南宁的扬美古镇就是在这个时期开始依靠独特的区位优势发展起来的。宋太祖开宝五年（972年）建防城，这是防城的最早得名。宋太平兴国八年（983年），废廉州，移至海门三十里（北海地）建太平军，廉州古城始建。自南北朝建元元年（479年）设盐田郡起，至五代及北宋，先后在北海设过盐田郡、海门镇、陆州、珠池县、东罗县等政区。宋神宗元丰二年（1079年），开辟钦州博易场，这是宋朝和交趾进行物资往来的重要场所。

元朝初年，广西北部湾地区归湖广行中书省管辖。元至元三十年（1293年）在廉州设提举市舶司，专事海运与外国船只并收"船头规"，时为全国六大市舶司之郡，逮扬州，统11个县。元泰定元年

（1324年），邕州路改为南宁路，取"南疆安宁"之义，南宁因此得名。

明朝时期，撤销元朝的行省之名，设司、府（州）、县（土州）三级区域制，全国划分为13个布政使司。明太祖洪武九年（1376年），设广西承宣布政使司，"广西"的名称由此固定下来。明朝中期开始实施闭关锁国政策，严禁船只出海，只许珍珠生产，当时合浦的珍珠城就是专门管理珍珠生产的机构。该地历代盛产珍珠，质优色丽，以"南珠"之称闻名于世，流传多年的民间神话故事"合浦珠还"就发生于此。时至今日，当年珍珠城的繁华依然常常被人提起。

清康熙元年（1662年）设北海镇标（军事建），驻北海，这是最早关于北海的地名。乾隆年间，北海市开始形成。咸丰五年（1855年）珠场巡检司移驻北海，标志着北部湾中心从廉州（合浦）移至北海，北海港口商业城市开始形成。光绪二年（1876年）中英签订《烟台条约》，北海与宜昌、芜湖、温州一并辟为通商口岸。1876年4月1日，北海正式开埠，北海的老街见证了那个时期的景象。

20世纪初，全国军阀割据，风云激荡。1912年10月，广西军政府从桂林迁到南宁，南宁成为广西省省会。1936年，广西省省会又从南宁迁移至桂林，当时统治广西的桂系制定了《广西建设纲领》，宣称要把广西建设成为"中国第一模范省"。这个时期沿海的工商业也得到了一定的发展。民国时期，钦州、合浦、灵山、防城仍属广东省统辖。关于北部湾的发展不得不提及近代伟大的资产阶级革命先行者孙中山先生，他在《建国方略》中指出："钦州位于东京湾之顶，中国海岸之最南端。此城在广州即南方大港之西四百英里。凡在钦州以西之地，将择此港以出于海，则比经广州可减四百英里。通常皆知海运比之铁路运价廉二十倍，然则节省四百英里者，在四川、贵州、云南及广西之一部言之，其经济上受益为不小矣。虽其北亦有南宁以为内河商埠，比之钦州更近腹地，然不能有海港之用。所以直接输出入贸易，仍以钦州为最省俭之积载地也。"孙中山先生规划了中国沿海的一系列港口：一等港三个，分别是北方大港（天津附近）、东方大港（上海附近）、南方大港（广州港）；二等港四个，分别是营口、连云港、福州、钦州；三等港九个。除广州港外，南方港口中只有钦州港一个二等港，这就是钦州"南方第二大港"的由来。然而，钦州建港多次错失良机。孙中山先生规划之时，国家积贫积弱，战火纷飞，没有财力、物力、人力来支持钦州建港。南京国民政府虽然有过建设沿海港口的设想，但由于钦州处于两广军阀争夺地区，所以在钦州建港未能被提上议事日程。

中华人民共和国成立后，北部湾地区开始加速发展。1950年1月，南宁建市，同年确定为广西省省会。1951年3月，广东省人民政府向中南军政委员会和中央人民政府呈报，提出将钦廉地区委托给广西省领导，并得到中央批准。由于种种原因，1955年7月，钦廉地区又划归广东省管辖。1964年7月21日，广西壮族自治区党委向中南局报告，请求将钦廉地区重新划归广西。1965年6月26日，国务院根据广西壮族自治区和广东省政府的请求，正式将广东的北海市、合浦县、灵山县、钦州县、东兴县划归广西管辖，设立钦州地区行政专员公署。从此，广西由内陆省区变成沿海省区。

20世纪60年代，美国在越南采取了扩大战争的举动，还公然入侵我国广西、云南、海南的领空。为了支援越南人民的抗美救国斗争，守好祖国南大门，经过反复勘测，中央决定在广西防城建设新港口，作为开辟援越抗美海上隐蔽运输线的主要起运港口，这条运输线也被称为"海上胡志明小道"。

1984年4月，国务院批准北海（含防城港）为首批14个沿海开放城市之一，北部湾地区迎来了新的发展机遇。1985年3月，广西壮族自治区党委、政府批准成立中共防城港区工作委员会和防城港区管理委员会。1992年，邓小平南方谈话发表后，广西积极贯彻党中央和国务院的战略决策和部署，联合西南各省市共建西南地区的出海通道。21世纪初，国家高度重视北部湾地区的开发开放，北部湾迎来了千载难逢的历史机遇。2004年，中国-东盟博览会永久落户南宁，北部湾地区以新的姿态迎接新世纪的到来。

三、破冰起航

（一）北海

回顾北海的发展历史，几起几落。秦汉时期的繁荣在晋代后无力延续。19世纪下半叶被殖民主义强行开埠后，北海一时间"洋楼矗起，巍然并峙"，今天的北海老街就是其最好的见证，不过很快就盛况不再。1949年后，北海的行政归属历经几番变化：中华人民共和国刚成立时北海为镇，归合浦县管辖；1951年1月改为广东省辖市，同年5月委托广西省领导；1952年3月正式划归广西省；1955年5月重归广东省；1956年降为县级市；1958年降为合浦县北海人民公社；1959年改为县级镇；1964年恢复为县级市；1965年6月又划归广西壮族自治区；1982年经国务院批准，成为旅游对外开放城市；1983年10月恢复为地级市；1984年4月被国务院确定为进一步对外开放的14个沿海城市之一；1987年7月1日，合浦县划归北海市管辖。

1992年，邓小平视察武昌、深圳、珠海、上海等地后发表了重要谈话，提出"要抓紧有利时机，加快改革开放步伐，力争国民经济更好地上一个新台阶"，为中国走上中国特色社会主义经济发展道路奠定了思想基础。北海市以此为契机，响应建设大西南出海通道的号召，吸引国内外投资者前来投资，一时间成为投资热土。1983年，北海市城区人口仅为10万左右，工业总产值为1.40亿元。1992年，北海市城区人口增至40多万，全市生产总值达31.55亿元，为城市发展提供了原始积累。1992年9月3日，国家旅游局宣布在北海市银滩建立国家旅游度假区。1995年7月28日，北海港铁路专线开工。1997年12月29日，北海市召开了首届海洋工作会议。2000年12月27日，北海市银滩旅游度假区被评为全国首批AAAA级景区之一。2006年，北海市全市生产总值为215.80亿元，外贸进出口总额为2.92亿美元，国际旅游外汇收入为969.30万美元，国内旅游总收入为23.77亿元。

（二）钦州

　　在风光旖旎的钦州湾畔，钦州港七十二泾景区入口处，有一个逸仙公园，公园山顶的仙岛广场上矗立着一座全国最大的孙中山铜像，高13.88米，重30余吨，基座15.80米，是1996年钦州人民为了纪念孙中山先生规划建设"南方第二大港"——钦州港而建造的，以此来永远铭记孙中山先生的丰功伟绩（图6-2）。

　　拥有属于自己的大型海港，是几代钦州人的梦想。1949年后，广东省政府在建设湛江港后，打算再建设钦州港，原计划1964年动工，但由于1965年钦州由广东划归广西管辖，钦州港建设计划又一次被搁置。20世纪60年代，国家交通部门计划在广西建港口，准备在钦州、北海、防城港中三选一，但因为钦州龙门港当时是军港（龙门水警区），无法开展调研，所以最后选定了防城港作为广西枢纽港。改革

图6-2　钦州港逸仙公园的孙中山铜像

开放后，北海被列为14个沿海开放城市之一，而钦州再次与建港机遇擦肩而过。

1992年5月，国家做出了"充分发挥广西作为西南地区出海通道作用"的战略决策，钦州地方政府抓住机遇提出建设钦州港的部署，但由于没有纳入国家计划，缺乏足够的财力、物力支持。为了尽快改变"别的地方越到海边越富，而钦州却是越到海边越穷"的面貌，钦州人展现出了建港的魄力和"狠劲"，除继续争取上级及金融部门的支持外，不等不靠，走自力更生、市场化的道路，全市凑集6000多万元建港资金，于1992年8月破土动工建设钦州港。经过14个月的努力，终于在荒芜的海滩上建成了2个万吨级的码头泊位并简易投产，彻底结束了钦州市"有海无港"的历史。钦州港的建设，使钦州市从一个完全农业城市朝着工业城市方向转变，加入了建设和经营港口的沿海城市行列。

1993年，钦州市提出"以港兴市，以市促港，项目支撑，开放带动，建设临海工业城市"的发展战略。1996年6月，广西壮族自治区人民政府批准设立省级钦州港经济开发区（2010年11月11日升级为国家级经济技术开发区）。1999年，自治区把钦州港定位为临海工业港。2008年，国务院批准设立钦州保税港区。1996年，钦州市生产总值仅为112.32亿元，农业占比高达46.53%。到了2006年，生产总值达245.21亿元，三大产业结构比例调整为34.74：35.48：29.78。当前，钦州亿吨大港正在建设，"建大港、兴产业、造新城"战略正在实施，钦州市正努力朝着成为"一带一路"有机衔接的重要门户港的目标前进。

（三）防城港

海浪桀骜不羁地涌动，远山依旧无言地遥望着。由此向西，延展着漫漫的陆地边防线；向东，则蜿蜒着祖国万里海岸线。海天一线，祖国的陆地和海岸线，既始于此，又终于此，这就是镶嵌在祖国西南沿海的一颗璀璨明珠——防城港市。它依港而建，因港得名，先建港，后建市。

1968年，为了支援越南人民进行抗美斗争，周恩来总理报毛泽东主席批准后，在靠近越南的防城县开辟了海上隐蔽运输线，将防城作为中越海上运输航线的起运港，向越南转运援越物资，当时这条航线被誉为"海上胡志明小道"（图6-3）。后来，在周恩来总理的指示下，防城开始建港。1984年5月，北海市和防城港作为整体被列为沿海开放城市之一。1993年5月，国务院批准撤销防城各族自治县和防城港区，设立防城港市，辖港口区、防城区（含东兴经济开发区）和上思县，防城港市由此进入发展的快车道。

1993年，防城港市生产总值为17.49亿元，三大产业结构比例为35.00∶24.80∶40.20，全市外贸进出口额仅有1738万美元，仅占广西的0.80%。1999年和2006年，防城港市生产总值分别突破50亿元和100亿元关口，达到52.05亿元和119.61亿元。2006年，防城港市三大产业的比例关系调整为21.90∶41.70∶36.40，第二产业比重首次超过第三产业，外贸进出口总额突破10亿美元，达到10.29亿美元，占广西的15.40%。

防城港市处于华南经济圈、西南经济圈与东盟经济圈的结合部，是中国内陆腹地进入东盟最便捷的主门户和大通道，与越南最大特区芒街仅一河之隔，拥有四个国家级口岸，其中东兴口岸是我国陆路边境第一

图6-3　于防城港仙人山公园远眺海上胡志明小道

大口岸，是沿海主要出入境口岸之一。拥有"西部第一大港"之称的防城港，港口货物吞吐量超亿吨，与全球190多个国家和地区通商通航，目前正打造成为中国-东盟区域性国际航运枢纽和港口物流中心。

（四）南宁

1958年3月5日，广西壮族自治区在南宁市宣告成立，南宁市成为广西壮族自治区的首府。"直城三里七，横城七里三"是改革开放前百姓对老南宁最深的记忆。1951年，湘桂铁路伸延经过南宁，南宁开始有了火车站，并在火车站周围陆续修建了朝阳路、华东路、华西路。这期间，诸如南宁百货、水塔等标志性建筑见证了南宁的起步。虽然南宁开始有了一定的发展，但发展速度仍然十分缓慢。改革开放后，全国进入了蓬勃发展的时期，南宁也跟上时代的脚步迅速发展。1987年，冈比亚共和国首都班珠尔市成为南宁第一个友好城市。1987年5月1日，民族大道全线贯通，南宁城市建设速度加快。20世纪90年代，南宁埌东片区成为开发热土。与此同时，南宁的贸易从最初的对越边境贸易扩展到面向整个东南亚地区。

2003年10月8日，国务院总理温家宝在第七次中国与东盟领导人会议上倡议，每年在中国广西南宁举办中国-东盟博览会，作为推动中国-东盟自由贸易区建设的一项具体行动。南宁被确定为中国-东盟博览会永久举办地，这成为中国与东盟合作的里程碑事件。2004年11月3日，在中国和东盟各国的共同努力下，首届中国-东盟博览会在广西南宁开幕，来自中国和东盟各国的领导人将取自各自国家母亲河的河水汇集成"合作之水"，"共启友谊之门、共注合作之水"，由此开启了中国和东盟友好往来的新篇章，并以中国-东盟博览会为主平台搭建了中国与东盟政治外交、经贸促进、人文交流的全方位合作平台。每届博览会都围绕双方战略合作重点，举办领导人会谈、部长级磋商、主题国活动、政商高端对话以及系列经贸、人文交流活动，形成了中国-东盟合作的

"南宁渠道"，南宁开始实现腾飞。截至2007年，南宁已经与澳大利亚、美国、奥地利、泰国、韩国、英国、菲律宾、柬埔寨等多个国家的城市结为友好城市，当年实际利用外资达1.85亿美元，对外依存度接近10%，全市生产总值首次突破1000亿元，达到1062.99亿元。

四、厚积薄发

随着经济全球化深入发展，科技革命加速推进，全球和区域合作方兴未艾，求和平、谋发展、促合作已经成为不可阻挡的时代潮流。国家贯彻与邻为善、以邻为伴的周边外交方针，我国与周边国家的睦邻友好和务实合作得到进一步加强，这为北部湾经济区营造了和平稳定的周边国际环境。此外，国家深入实施西部大开发战略和推进兴边富民行动，鼓励东部产业和外资向中西部地区转移，重大项目布局充分考虑支持中西部发展，加大力度扶持民族地区、边疆地区发展，支持西南地区经济协作、泛珠三角区域合作以及国内其他区域合作，为北部湾的经济发展创造了良好的条件。

2006年7月，广西在中国和东盟六个成员国参加的"环北部湾经济合作论坛"上提出中国-东盟"一轴两翼"M型区域经济合作的战略构想。"一轴"是指建设和完善"南宁—河内—金边—曼谷—吉隆坡—新加坡"的铁路和高等级公路，逐步形成贯通中南半岛的经济走廊。"两翼"是指把中国与越南的环北部湾经济合作延伸成涵盖马来西亚、新加坡、印度尼西亚、菲律宾和文莱在内的泛北部湾经济合作区和将湄公河区域合作延伸到环北部湾地区的大湄公河次区域合作。推进泛北部湾经济合作的新构想提出后，既得到中央领导和各有关部门的支持，也得到东盟相关国家的认同和响应。2006年8月，中共中央总书记胡锦涛在听取广西汇报工作时要求"广西沿海发展应形成新的一极"。党和国家领导人的殷切希望激励着广西人民，壮乡儿女努力把北部湾发展从蓝图变成现实，使北部湾成为继珠三角、长三角、渤海湾之后的中国沿海发展"第四极"。广西壮族自治区党委和政府从广西沿海地区特有的区位优势出发，决定把这一区域作为开放开发的重点，抓紧重大基础设施建设，调整重大产业布局，进行重要资源整合和进一步开发利用岸线资源。

加快推进北部湾经济区开放开发，既关系到广西自身发展，也关系到国家整体发展，具有重要的战略意义。加快推进北部湾经济区开放开发，有利于推动广西经济社会全面进步，从整体上提高发展水平，振兴民族经济，巩固民族团结，保障边疆稳定；有利于深入实施西部大开发战略，增强西南出海大通道功能，促进西南地区对外开放和经济发展，形成带动和支撑西部大开发的战略高地；有利于完善我国沿海沿边经济布局，使东中西部发展更加协调，联系更加紧密，为国家经济社会发展注入新的强大动力；有利于加快建设中国-东盟自由贸易区，深化中国与东盟面向和平与繁荣的战略伙伴关系。中国-东盟自由贸易区建设的加快推进、中国-东盟博览会和中国-东盟商务与投资峰会的召开、大湄公河次区域经济合作等一系列机制的建立和实施，深化了中国与东盟的合作，为北部湾经济区发挥面向东盟合作的前沿和桥头堡作用奠定了基础。

2008年1月16日，国家批准实施《广西北部湾经济区发展规划》，标志着北部湾经济区开放开发上升为国家战略，这必将极大促进北部湾区域经济发展，北部湾地区将成为中国经济第四增长极。

第七章　广西北部湾经济区建设

2006 年北部湾经济区成立并开放开发，2008 年国家批准实施《广西北部湾经济区发展规划》，海洋赋予广西全新的名片和使命。十年的黄金期，广西积极发挥自身的潜力和优势，把握国家政策，取得了经济上的巨大发展。随着新时代到来，世界的全球化离不开海洋，国家发展也离不开海洋，从党的十六大、十七大分别提出"实施海洋开发"和"发展海洋产业"的战略部署，到党的十八大"建设海洋强国"、十九大"加快建设海洋强国"的战略目标，无一不凸显出海洋的重要性。

2015 年 3 月，习近平总书记参加十二届全国人大三次会议广西代表团审议时，赋予广西"一带一路"倡议"三大定位"，即构建面向东盟的国际大通道，打造西南中南地区开放发展新的战略支点，形成 21 世纪海上丝绸之路与丝绸之路经济带有机衔接的重要门户。

北部湾的碧水蓝天，静静地躺在祖国母亲的南海西北部。这里，因古代海上丝绸之路而辉煌一时；这里，为抗击侵略做出过重要的历史贡献；这里，因首批沿海开放城市而打开大门。过去的十多年，北部湾转身向海、借"湾"共舞，历经"风生水起""千帆竞发"的激荡后，崛起成为我国沿海新一极。

一、风生水起，开放开发加速度

进入21世纪以来，中国-东盟博览会永久落户南宁，泛珠三角区域合作加快，中国和东盟国家展开黄金十年合作，广西也把沿海建设提到更加重要的位置，先后实施了"东靠西联、南向发展"等一系列开放发展战略，推进沿海基础设施大会战，沿海发展成效明显。2006年，为了加快开放开发步伐，广西壮族自治区党委、政府做出了设立北部湾（广西）经济区的战略部署，将南宁、北海、钦州、防城港组团开发。与此同时，为了充分发挥广西在加强与东盟国家交流合作方面的重要作用，广西创造性地提出了"一轴两翼"泛北部湾合作构想，将北部湾的开放发展融入东盟合作的大背景。

北部湾经济区成立后发展迅速，成为我国沿海地区的后起之秀。2006年8月20日，在听取广西工作汇报后，胡锦涛总书记指出：广西要把发展放在第一位，要进一步扩大开放，发挥沿海优势，广西沿海发展应形成新的一级。经过各方努力，2008年1月16日，国家批准实施《广西北部湾经济区发展规划》，标志着北部湾经济区开放开发上升为国家战略，纳入国家区域发展总体战略。这是我国第一部以主体功能区理念编制的区域发展规划，也是第一部在省级行政区内实施的区域发展规划，它不仅是国家实施西部大开发战略、推动区域协调发展做出的重大战略决策，还为广西服务国家外交战略、构建开放合作格局、加快自身发展创造了重大历史机遇。

根据《广西北部湾经济区发展规划》，北部湾经济区的功能定位如下：立足北部湾，服务"三南"（西南、华南和中南），沟通东中西，面向东南亚，充分发挥连接多区域的重要通道、交流桥梁和合作平台作用，以开放合作促开发建设，努力建成中国-东盟开放合作的物流基地、商贸基地、加工制造基地和信息交流中心，成为带动、支撑西部大开发的战略高地和开放度高、辐射力强、经济繁荣、社会和谐、生态良好的重要国际区域经济合作区。把北部湾经济区定位为"重要国际区域经济合作区"，突出了开放合作的主题，表明北部湾经济区在我国对外开放战略中将担任重要角色。这一功能定位以面向东盟合作和服务带动"三南"为支点，把构建国际大通道和"三基地一中心"作为核心内容，把将北部湾经济区建设成为带动、支撑西部大开发的战略高地和重要国际区域经济合作区作为目标，凸显了北部湾经济区的地域优势，符合国家发展战略要求和中国与东盟国家的共同利益。

建设中国-东盟"三基地一中心"是构建和形成广西经济新高地的重要基础，有利于发挥区位优势，加强引导扶持，承接产业转移，加快发展现代产业体系，推动产业优化升级；有利于大力推进信息化和工业化融合，加快发展现代农业，提高服务业现代化水平；有利于加速科技成果转化，加强知识产权保护，不断提高自主创新能力、节能环保水平、产业整体素质和市场竞争力。

为了进一步发挥广西北部湾经济区成员市的各自优势，突出发展重点，实现错位发展，《广西北部湾经济区发展规划》改变"摊大饼式"的开发建设模式，根据空间布局和岸线分区，结合各城市的功能定位，采取组团式开发理念，从产业发展的角度，在经济区内重点打造南宁、钦（州）防（城港）、北海、铁山港（龙潭）、东兴（凭祥）五个功能组团。

根据《广西北部湾经济区发展规划》，北部湾经济区要提升国际大通道能力，构建开放合作的支撑体系。要加快建设现代化沿海港口群，打造泛北部湾海上通道和港口物流中心，构筑出海出边出省的高等级公路网、大能力铁路网和大密度航空网，形成高效便捷安全畅通的现代综合交通网络。基础设施特别是交通基础设施是广西北部湾经济区开放合作的重要支撑，必须加强基础设施建设，大力提升交通、能源、水利、信息等基础设施的共建共享、互联互通能力和水平。加强国内国际合作，建设中国-东盟交通合作项目，较大幅度提高沿海港口吞吐能力、高等级公路和大能力铁路路网密度、机场吞吐能力和服务水平，提升出海出边国际大通道能力。

北部湾经济区开放开发上升为国家战略后，在党中央、国务院的高度重视和亲切关怀下，在国家相关部委的大力指导和支持帮助下，广西抓住千载难逢的重大机遇，深入实施北部湾经济区优先发展战略，创造了超常规发展的成功范例。

2006年，广西壮族自治区党委、政府做出加快北部湾经济区开发建设的重大部署，北部湾经济区规划建设管理委员会及其办公室正式组建成立；北部湾经济区工作座谈会提出经济区开放开发目标任务；北部湾经济区区域规划编制启动；沿海基础设施大会战二期项目启动；首届"环北部湾经济合作论坛"提出"一轴两翼"区域合作构想；玉林、崇左纳入北部湾经济区规划建设；印度尼西亚金光集团广西金桂浆纸业有限公司林浆纸一体化项目开工；全国政协就"推动泛北部湾区域经济合作与发展"组织专题调研；北部湾经济区被列入《西部大开发"十一五"规划》开发建设重点。

2007年，《人民日报》刊发《风生水起北部湾》专题报道；广西北部湾开发投资有限责任公司及广西北部湾国际港务集团有限公司组建成立；农工党中央助推广西北部湾经济区纳入国家发展战略；广西壮族自治区党委、政府颁布实施《关于加快北部湾（广西）经济区全面开放开发的若干意见》；全国政协赴广西北部湾经济区进行专题调研并组织召开"推进北部湾区域经济合作与发展"座谈会；国务院领导听取广西北部湾开放开发工作汇报；海关总署实地调研北部湾海关特殊监管区规划建设；中国电子信息产业园北海产业园项目正式开工建设；南宁铁路局挂牌成立。

2008年，国家批准《广西北部湾经济区发展规划》，广西北部湾经济区开放开发正式纳入国家战略；广西壮族自治区印发《广西北部湾经济区2008—2015年人才发展规划》，四大班子领导考察沿海三市；国家工商总局"三放宽一支持"促广西北部湾经济区发展；大型电视系列片《大海湾》在中央电视台综合频道播出；国务院批准设立广西钦州保税港区及广西凭祥综合保税区；广西壮族自治区党委提出"三优先"战略布局；泛北部湾经济合作联合专家组成立；设立北部湾经济区产业发展专项资金；广西北部湾银行正式揭牌；南宁至广州高速铁路开工建设；广西壮族自治区党委、政府颁布实施《关于全面实施广西北部湾经济区发展规划的决定》；防城港红沙核电项目前期工程启动。

2009年，国家批准设立南宁保税物流中心；携手西南地区合作开发广西北部湾经济区；北海市与中国石油化工集团公司签订战略合作框架协议；广西北部湾发展研究院挂牌成立；中国农业银行下发《关于支持广西北部湾经济区发展的指导意见》；中共广西钦州保税港区工作委员会与广西钦州保税港区管理委员会揭牌成立。

2010年，中国-东盟自贸区论坛成功举办；北部湾经济区发展工作座谈会做出实施"八大工作"部署；广西壮族自治区人大常委会审议通过《广西北部湾经济区条例》；广西壮族自治区人民政府办公厅下发《关于进一步加强广西北部湾经济区沿海岸线管理的通知》；中海集团开通南北直航；国家质检总局支持北部湾经济区开放开发；北海炼油异地改造石油化工项目开工；"广西高校服务北部湾行"活动启动；住建部批复《广西北部湾经济区城镇群规划纲要》；国家批准设立东兴重点开放开发试验区；防城港红沙核电站一期工程开工，钦州港区大型石油减载平台项目开工，中国石油天然气集团公司千万吨炼油项目——广西钦州炼油厂正式投产，广西金川有色金属加工项目一期配套工程开工；新华社刊发《千帆竞发北部湾》长篇通信；"全国知名民营企业兴业北部湾"活动成功举办。

2011年，广西钦州保税港区开港，广西凭祥综合保税区封关运营；广西北部湾经济区发展纳入国家"十二五"规划，广西北部湾经济区成立五周年表彰大会召开；中国-马来西亚钦州产业园区揭牌，朗科科技和三诺电子入驻广西北部湾经济区；《泛北部湾经济合作可行性研究报告》顺利通过；富士康南宁科技园一期工程开工及富士康科技园高新园区项目投产；《广西北部湾经济区"十二五"时期（2011—2015年）国民经济和社会发展规划》印发实施；广西第一条高速铁路——南宁至钦州高速铁路铺轨，南宁轨道交通1号线工程开工。

2012年，北部湾经济区纳入《西部大开发"十二五"规划》，国家批准北海出口加工区扩区，中国-马来西亚钦州产业园区开园，广西钦州保税港区整车进口口岸投入运营；《人民日报》头版刊发《龙腾虎跃北部湾》专题报道；防城港钢铁基地项目开工，中国-东盟区域性信息交流中心暨中国联通南宁总部基地开工，广西沿海高速铁路改扩建（南宁至钦州段）开工，中船大型现代化修造船基地项目签约，钦州至崇左高速公路建成通车。

2013年，《广西北部湾经济区发展规划》中期评估启动，广西壮族自治区党委谋划推动北部湾经济区加速崛起，广西壮族自治区人民政府印发《广西北部湾经济区同城化发展推进方案》；惠科电子（北海）科技产业园开工建设，广西液化天然气工程项目开工，三诺智慧产业园开园；国家批复《云南省 广西壮族自治区建设沿边金融综合改革试验区总体方案》。

2014年，广西壮族自治区人民政府修订《关于促进广西北部湾经济区开放开发的若干政策规定》，印发《关于建设沿边金融综合改革试验区的实施意见》；中国-东盟泛北部湾经济合作高官会通过《中国-东盟泛北部湾经济合作路线图（战略框架）》；《广西北部湾经济区发展规划》修订实施；国家批复《广西东兴重点开发开放试验区建设总体规划》；中越北仑河公路二桥工程开工；国家出台系列政策支持中国-马来西亚钦州产业园区开发建设，中国-马来西亚钦州产业园区及钦州保税港区运营管理体制机制改革；广西壮族自治区党委、政府颁布实施《关于深化北部湾经济区改革若干问题的决定》及相关配套文件，召开"双核驱动"战略工作会议；中国—新加坡经济走廊节点城市市长圆桌会召开；广西壮族自治区北部湾经济区和东盟开放合作办公室正式挂牌；广西北部湾经济区户籍管理同城化全面启动；北部湾产业投资基金正式启动。

2015年，神华国华广投北海能源基地两台百万千瓦机组项目启动；三地海关共促环北部湾经济一体化，龙港新区现场推进会召开，加快推进铁山港东岸建设；玉林至北海铁山港铁路运营；国际港口运营商首次进驻广西北部湾经济区；中国-东盟信息港论坛召开；南宁综合保税区获得国务院批准设立，广西凭祥综合保税区管理体制改革；广西北部湾港口管理局成立。

2016年，中国西部地区首座核电站——防城港核电站1号机组正式投入商业运行；富士康南宁科技园千亿元电子信息产业园投资协议在南宁签订；"北部湾港—缅甸—马来西亚"集装箱航线在钦州保税港区首航；广西壮族自治区人民政府与国家质量监督检验检疫总局在北京签署共同探索建设中国-东盟边境贸易国检试验区合作备忘录；自治区党委、政府在南宁举行广西北部湾经济区"总结十年成就·推动升级发展"工作座谈会；中石化广西液化天然气（LNG）项目投产仪式在北海LNG接收站举行，标志着中国西南地区首个LNG项目在北海正式进入商业运营；中国-东盟港口物流信息中心在钦州正式启用；世界海洋日暨全国海洋宣传日主场活动在北海开幕；中国-东盟大学智库联盟成立；南宁地铁1号线全线开通试运营；广西首个智能港口岸电系统在防城港投运。

二、借"湾"共舞，当好海上驿站

航道安全是21世纪海上丝绸之路持续稳定发展的关键，而港口码头是保障航道安全的重中之重，吞吐量是港口码头承载能力的直接体现。如同古代丝绸之路上的驿站一样，港口码头就是21世纪海上丝绸之路的"海上驿站"。"海上驿站"不仅要具备装卸货物的码头功能，还要为船舶和人员提供补给和后勤服务，更要保障周边航道安全，为各国提供安全、便捷的海上通道。

港口是水陆交通和物流的枢纽，在国民经济中居于十分重要的地位，历来有国家"门户""窗口"和交通"枢纽"之称，处在对外开放的最前沿地带。回顾海上丝绸之路兴起的历史，皆与港口发展有着直接的联系。广西合浦之所以能成为古代海上丝绸之路的始发港，就是因为其本身既是天然良港，商贸比较发达，又是市舶要冲，能满足船舶停靠、后勤补给、综合保障的需求。

广西坚持江海陆空并进，优先发展交通，加快推进与东盟国家互联互通，区域内便捷的陆、海、空全方位互联互通体系已基本形成（图7-1）。广西海岸线迂回曲折，港湾水道众多，天然屏障良好，多溺谷、港湾，素有"天然优良港群"之称。岛屿岸线长558.4千米，规划宜港岸线有267千米，其中深水岸线约200千米，北海港、铁山港、防城港、钦州港、珍珠港等港口可开发泊靠能力在万吨以上，港口规划全部实施后年综合通过能力约为17亿吨。总体上看，广西沿海港口货物吞吐量保持平稳较快增长，发展态势良好。

广西沿海港口包括防城港、钦州港和北海港三港。经过40多年的发展，广西的港口建设取得了显著成效，已成为我国西南地区对外交流的重要口岸，对促进广西和国内其他腹地地区的经济、产业发展起到重要作用。北部湾港口规划岸线共计约290千米，已利用37千米。其中，防城港港口岸线长约123千米，已利用15千米；钦州港港口岸线长约80千米，已利用14千米；北海港港口岸线长约87千米，已利用8千米。规划企沙东港区的27千米岸线和铁山港西港区的20千米岸线作为远期预留港口岸线。

防城港位于广西南部，北部湾北岸西端，港口始建于1968年3月22日，1983年7月国务院批准对外开放，1986年完成一期工程建设，1987年全面投入运营。防城港现有生产性泊位44个，万吨级以上深水泊位33个，泊位最大靠泊能力为20万吨级。码头库场面积超500万平方米，库存能力高达2000万吨，年实际通过能力超过1.5亿吨，其中集装箱通过

图7-1 广西北部湾港口

能力为55万标准箱。拥有4个15万吨级深水泊位和2个20万吨级深水泊位，是目前华南沿海地区唯一可同时接卸6艘满载的好望角型船舶的港口。已建成一批大型的铁矿石、硫黄、煤炭、化肥、木片、液体化工、水泥、植物油等货种的专用仓储和装卸船系统，具备了装卸各种杂货、散货、集装箱、液体化工产品的能力和仓储中转联运等功能，是国家重要的金属矿石进出口基地、煤炭储备配送中心、粮油加工基地。港口交通便利，陆路交通有高速公路和铁路与全国干线联网，海路与100多个国家和地区的250多个港口通航。

钦州港是我国西南海岸上的天然深水良港，水域宽阔，风浪小，来沙量少，岸滩稳定，具有建设深水泊位的有利条件。钦州港现有码头泊位19个，其中10万吨级集装箱泊位4个、10万吨级多用途泊位4个、7万吨级汽车滚装泊位1个、5万吨级多用途泊位6个、1万吨级及以下多用途泊位4个。港口年设计通过能力为5700多万吨，其中集装箱年设计吞吐能力为420万标准箱。

北海港地处广西南陲，南海北部湾畔，是港湾航道畅通、港阔水深的天然良港。港口始建于1950年1月20日，自古便是我国海上丝绸之路始发港之一。北海港集集装箱、件杂货、散货运输和客运码头于一体，主要从事港口码头建设、国际国内集装箱及内外贸件杂散货装卸、货物仓储中转、危险品仓储中转、外轮代理、外轮理货等。港口直接经济腹地为桂、滇、黔、川、渝、湘等地区，与世界98个国家和地区的218个港口有贸易往来。北海港区下辖铁山港作业区、石步岭作业区、海角客运站，现有生产泊位14个，泊位最大靠泊能力为15万吨级，码头库场面积近240万平方米，其中库存能力为1500万吨，设计年通过能力为3000万吨。

北部湾经济区主要建设的港口包括：北海铁山港3～4号泊位工程、北海铁山港5～6号泊位工程、北海铁山港7～8号泊位工程、北海铁山港9～10号泊位工程、北海涠洲岛原油码头及配套工程、防城港18～22号泊位工程、防城港403～407号泊位工程、防城港云约江南作业区1～4号泊位工程、防城港企沙南起步码头、北部湾港40万吨级码头及配套航道工程、防城港渔万港第四作业区401号泊位工程、防城港钢铁基地陆域形成和20万吨级码头工程、中国石油广西石化10万吨级油码头、钦州港大榄坪3～4号泊位工程、钦州港大榄坪9～11号泊位工程、北部湾集装箱办理站、北海石步岭港区邮轮码头工程、防城港马鞍岭1～2号旅游码头。

北部湾经济区主要建设的航道工程包括：钦州港30万吨级航道工程、防城港20万吨级航道工程、北海铁山港LNG项目15万吨级航道疏浚工程（专用航道）、北海铁山港10万吨级航道疏浚二期扩建工程、北海铁山港10万吨级航道疏浚三期工程、防城港企沙南航道一期工程。

截至2017年，北部湾港建成生产性泊位263个，其中万吨级以上泊位86个，最大靠泊能力为20万吨级，设计年吞吐能力近2.5亿吨，开辟了北部湾港至新加坡、泰国、越南、马来西亚等东盟国家的多条直达航线，开通了友谊关电子口岸和防城港电子口岸海运物流服务平台，北部湾港至香港集装箱班轮航线实现"天天班"，"北部湾港—新加坡/印度/中东"远洋航线正式开通。北部湾港口货物吞吐量从2008年的8090万吨增至2017年的2.19亿吨；集装箱吞吐量保持高速增长，由2008年的33万标准箱到2017年的228万标准箱。

广西是西南地区开放发展新的战略支点，目前已基本形成"一港、三域、八区、多港点"的港口布局体系。北部湾港与世界100多个国家和地区的200多个港口通航，海运网络覆盖全球。以钦州市为基地，与东盟国家的47个港口建立了中国-东盟港口城市合作网络。随着中国-东盟自贸区升级版的加快推进，广西北部湾港定期集装箱班轮航线达35条（其中外贸17条、内贸18条），与东盟地区的文莱、印度尼西亚、马来西亚等7个国家建立了海上运输往来，成为我国与东盟地区海上互联互通、开放合作的前沿。广西先后与菲律宾国家经济发展署、印度尼西亚贸易部、新加坡贸工部等东盟国家的中央部门签订了会谈纪要，与越南谅山省、广宁省、高平省合作成立了联合工作委员会，并签订了有关边境磋商、通关便利化、边境旅游管理等合作备忘录，与东盟各国重要商协会、大型企业签订了各类合作协议，为门户建设提供了基础支撑。

三、互联互通，构建国际大通道

长期以来，广西一直处于交通系统的"神经末梢"。从全国地图上看，广西背靠大西南，前临北部湾，正好处在大西南经由北部湾走向世界的便捷通道上，因此，广西肩负起了"西南出海大通道"的角色。从世界地图上看，广西正好处在东亚经济圈的中心位置，是中国-东盟统一市场的中心，广西以北的各个省（区、市）要进入东盟国家，广西是必经之地，广西也因此处在区域性"国际大通道"位置。区域性国际大通道的建立，犹如给区域合作疏通了经脉，打破了地形地貌、地理位置的限制，使物资人口可以自由流动，激发了区域经济发展的活力。

依托国家西部大开发和广西北部湾经济区发展战略，广西的综合交通体系正逐步形成：高等级公路网络快速形成，通达度进一步提高；铁路运输网络日趋完善，集疏能力显著提高；航空航线网络不断拓展，航空通达性持续增强；现代化沿海港口群初具规模，港口服务能力和水平逐步提升；基本形成了较为完善的出海出省出边综合交通网络体系，经济区内各市一小时可达、广西各主要城市三小时可达的经济圈基本形成。互联互通是落实"三大定位"的基础，广西一直在为改善交通条件持续发力，加快构建承东启西、北上南下的"一中心一枢纽五通道五网络"，从"交通末梢"向"路网枢纽"转变。

（一）铁路方面

1986年12月15日，广西第一条通往沿海的铁路——南防铁路建成；1995年4月7日，西南出海大通道的大动脉——钦北铁路贯通；1996年7月1日，北海进港铁路通车；1997年，南昆铁路建成，西南出海大通道建设加速；2002年6月18日，广西沿海铁路股份有限公司成立；2013年12月，衡柳、柳南、南钦、钦防、钦北五条高速铁路陆续运营；2014年9月，南宁开往北京的高铁开通；2014年12月26日，南宁东站启用。时至今日，广西普通铁路网已覆盖全区十四个设区市，动车通达十二个设区市，与包括四川在内的周边省份连接，广西通往贵州、湖南、广东、云南的高速铁路已经建成通车（图7-2）。此外，南宁还开通了至越南河内的国际列车。目前，南宁至凭祥的高速铁路正在建设，通往东盟国家的铁路网正日趋完善。近几年来，北部湾经济区重大的铁路建设项目包括：湘桂铁路（衡阳—南宁段）扩能改造工程、南宁至广州铁路、南广铁路黎塘至南宁段、南宁至昆明铁路新线（云桂铁路）、沿海铁路扩能钦州至防城港段、沿海铁路扩能钦州至北海段、沿海铁路扩能黎塘至钦州段、湘桂铁路扩能南宁至凭祥段、合浦至湛江铁路（广西段）、黎塘至湛江铁路电气化改造（广西段）、防城港至东兴铁路、贵阳至南宁客专（广西段）。

图7-2　经脉畅通的综合立体交通运输大通道

（二）公路方面

1986年9月6日，南宁到北海的二级公路动工，是首条连接南宁与钦州、北海和防城港的交通大动脉；1997年10月，钦防高速公路通过验收；2000年8月19日，桂林到北海高速公路全线通车；2001年7月，连接东兴、防城港、钦州、合浦的滨海公路开工建设；2005年12月28日，南宁至友谊关高速公路开通，是第一条连接东盟国家的高速公路；2013年，兴安至桂林高速公路通车，北部湾经济区实现到北京全线高速。截至目前，南宁至凭祥、防城港至东兴两条高速公路建成通车；通往龙邦口岸、水口口岸的高速公路正加紧建设；广西通往云南、贵州、湖南、广东等省以及东盟国家越南的高速公路全部打通；中越两国公务车与客货运车实现了不换牌照互通直达；南宁至河内高速公路有望五年内全线建成。至此，中国通往东盟国家最便捷的陆路大通道基本建成。已开工的重大公路项目包括：钦州至崇左高速公路，玉林至铁山港高速公路，南宁外环高速公路，防城港至东兴高速公路，崇左至水口高速公路，沿海高速公路改扩建三、四、五期，沿海高速公路南间至北海段路面改建工程，兰州至海口高速公路南宁至钦州段、钦州至防城港段改扩建工程，南宁吴圩国际机场第二高速公路。

（三）航空方面

1985年4月10日，北海福成机场开建；1996年10月1日，桂林两江国际机场建成通航；2014年9月25日，南宁吴圩国际机场新航站楼正式启用。2015年2月16日，一架喷绘有"GX"字样的北部湾航空班机从南宁吴圩国际机场起飞，成功首航，标志着广西首家本土航空公司自此正式投入运营。广西各机场飞行国际客运航线30多条，民航年旅客吞吐量达2478万人次，可通航10多个国家的20多个城市，其中东盟航线达27条，东盟通航点达20个，与东盟国家、日本、韩国以及港澳台地区实现常态化通航。2015

年年底，南宁吴圩国际机场吞吐量一举突破1000万人次，出入境航班起降次破万，其中东盟航班旅客吞吐量同比增长50%，创历史新高。

（四）其他方面

中国-东盟港口城市合作网络自2013年成立以来，在中国-东盟海上合作基金的有力支持下，积极推进以包括港口、产业、监测、搜救和司法合作等为重点的钦州基地建设，广泛缔结友好城市和姐妹港，部分项目已直接服务中国和东盟的港航运输，成为泛北部湾经济合作的先行收获成果、中国-东盟合作的重要机制和中国-东盟海上合作的重要平台。在2014年首届中国-东盟网络空间论坛上，中国与东盟十国达成了共建"中国-东盟信息港"的倡议。中国-东盟信息港的总体目标是形成以广西为核心，面向东盟国家，服务我国西南、中南地区的国际通信网络体系和网络枢纽，依托信息网络与东盟国家广泛开展技术合作、信息共享、人文交流、经贸服务合作，构建和平、安全、开放、合作的网络空间共同体。中国-东盟信息港是以广西为节点，以南宁为核心基地建设的五大平台的集合，包括了基础设施建设、光纤以及电子政务、电子商务、人文和企业产业合作、国际产能合作等多方面的发展与合作。2016年到2017年，信息港共推出11个领域、116个项目，总投资约456亿元。

在通道建设上，广西实行了海陆"两条腿"走路，即以建设北部湾区域性国际航运中心等为抓手，畅通与海上丝绸之路沿线国家之间的贸易往来，同时以南宁为节点，打通北上、南下通道，推动形成衔接"一带一路"的南北大通道。国家信息中心于2017年发布的《"一带一路"大数据报告》显示：从国内各省市对"一带一路"沿线国家的贸易额看，广西位居全国第八位、西部第一位。广西列入国家"一带一路"库的项目达到57个，中马"两国双园"、中新互联互通南向通道、中国-东盟信息港等标志性工程落地并扎实推进。"十三五"期间，广西将实施基础设施重大建设项目共633项，总投资2.6415万亿元，围绕建设北部湾区域性国际航运中心，打造综合交通枢纽，构建海上东盟、陆路东盟、衔接"一带一路"、连接西南中南、对接粤港澳"五大通道"，建设铁路、公路、水运、航空、油气管网"五张网络"，形成"一中心一枢纽五通道五网络"综合交通运输体系。

四、园区经济，舞起发展龙头

2010年，广西壮族自治区人民政府批准实施《广西北部湾经济区重点园区布局规划》，明确北部湾经济区29个重点产业园区布局。其中自治区重点支持的产业园区有11个，包括广西-东盟经济技术开发、南宁六景工业园区、北海工业园区、北海铁山港工业区、防城港企沙工业区、防城港大西南临港工业园、广西钦州保税港区、钦州石化产业园、钦州港综合物流加工区、玉林龙潭产业园、广西凭祥综合保税区。之后，南宁高新技术产业开发区、南宁国家经济技术开发区、中国-马来西亚钦州产业园区先后纳入自治区重点支持产业园区，自治区重点支持的产业园区变为14个。2015年，以上14个产业园区完成工业产值6729.81亿元，完成固定资产投资1354.44亿元，招商引资签约工业项目228项，有超过1000亿元的产业园区2个（南宁高新技术产业开发区和凭祥综合保税区）。广西北部湾经济区主要物流园区布局如表7-1所示。

表7-1 广西北部湾经济区主要物流园区布局

项目名称	规划面积 （万平方米）	主要功能
防城港综合物流园区	1400	国际综合物流
公车物流园区	1000	港口及钢铁基地后方配套物流
钦州港综合物流加工区	1200	

续表

项目名称	规划面积 (万平方米)	主要功能
钦州保税港区	600	区域性国际航运枢纽、物流中心和出口加工基地。具备港口作业、国际中转、国际配送、国际采购、国际转口贸易、保税加工、保税物流、商品展示等功能
钦州港石化物流交易中心	385.2	
北海石步岭物流园区	58.9	为临港出口加工区提供仓储、分拨、配送等服务，提供集装箱作业及运输车辆停车、检修、配货等服务
北海铁山港物流园区	764.2	主要为铁山港区物流存储、中转和集疏功能，形成依托港口的公水联运型物流园区
北海铁山港区物流中心	205.8	为工业服务提供仓储、工业配送以及商贸、批发、商品展示、物流信息等服务，并结合北海出口加工区铁山港区（或称北海出口加工区 B 区）的启动，发展口岸、流通、保税仓储、海关出口监管等功能
南宁保税物流中心	53.55	保税物流
中国-东盟国际物流基地（南宁）	1909	集出口加工、物流配送、保税物流、商贸、仓储、产品展示等功能于一体
防城港冲仑综合物流园区	1200	提供建材、机械装备等交易及综合物流服务
东兴市口岸国际物流中心	50	国际、边境贸易物流、商品交易和会议
南宁六景物流园区	80	辐射长三角地区、贵州、湖南及广西北部和北部湾地区的区域性物流节点，发展公铁水多式联运

注：数据来源于《广西北部湾港口发展战略研究》。

　　南宁-东盟经济技术开发区位于广西南宁市武鸣区，距南宁市区30公里，于2004年3月成立；2013年3月2日，经国务院批准，开发区升级为国家级经济技术开发区，定名为"广西-东盟经济技术开发区"；2015年，广西-东盟经济技术开发区成功获批成为国家园区循环化改造示范试点园区，是南宁市推进工业化、城镇化的核心区域。园区辖区面积180平方千米（全属国有土地），人口8.5万人。2015年，开发区产值（贸易值）为227.46亿元。

南宁六景工业园区成立于2002年2月，同年12月升格为自治区级开发区，处于广西中心位置，背靠大西南，面向东南亚，东接粤、港、澳及广西东部发达地区，南临北部湾沿海港口城市，西依南宁市，北通柳州、桂林等重要城市，处在中国−东盟自由贸易区经济圈和泛珠三角经济圈的交会点上，是大西南出海通道和南（宁）贵（阳）昆（明）经济带上的重要节点。2013年7月，那阳工业集中区整体并入六景工业园区，合并后，六景工业园区格局、规模进一步扩大，经济发展取得了明显成效。2015年，该园区产值（贸易值）为182.03亿元。

南宁高新技术产业开发区（简称"高新区"）于1988年成立，1992年经国务院批准为国家级高新区，现规划面积为163.41平方千米。高新区重点发展新一代信息技术、生命健康、智能制造产业，同时积极培育和发展战略性新兴产业、现代服务业；拥有35所高等学校和17家省级以上科研机构，科技人才及科研人员超过12万人；技术创新体系完善，国家及广西企业技术中心数量占南宁市总数量的48.61%，工程技术研究中心数量占南宁市总数量的45.68%；对外发展平台快速建成，高新区托管的南宁综合保税区于2016年10月通过国家正式验收，并于2017年4月13日正式封关运营，实现了开放高度、深度、广度新的突破，拓宽了"南宁渠道"，对提升南宁市对外开放水平、深化中国与东盟经贸及各领域交流合作具有重要意义。2015年，高新区产值（贸易值）为1000.84亿元。

南宁国家经济技术开发区（简称"经开区"）是南宁市三大开发区之一，创建于1992年，2001年5月经国务院批准为国家级经济技术开发区，是广西首个国家级经济开发区。2014年1月，该开发区加挂南宁吴圩空港经济区党工委、管委会牌子，代管那洪街道、金凯街道，托管吴圩镇；经开区已初步形成"四园一区"格局，即金凯工业园、银凯工业园、北部湾现代产业园、生物医药产业园和中央商住区。吴圩空港经济区规划总面积为120平方千米，产业定位为"一核四组团"，即以机场为核心，发展空港物流、空港商务、航空维修制造、临空高新技术产业。2015年，经开区产值（贸易值）为622.28亿元。

广西北海工业园区成立于2001年8月22日，于2003年3月被批准为自治区级开发区，2005年12月8日，由国家发展和改革委员会确认为全国第一批通过审核公告的省级开发区之一，目前正以打造千亿元电子信息产业为目标，积极申报国家级经济技术开发区。2015年，园区产值（贸易值）为629.44亿元。

北海铁山港工业区位于北海铁山港辖区，东南临铁山港湾，北至北铁一级公路，西至南康江，规划面积约为132平方千米。北海铁山港工业区是《广西北部湾经济区发展规划》规定的五大功能组团之一铁山港（龙潭）组团的核心工业区，也是北部湾经济区的三大临港工业区之一。该工业区重点建设铁山港大能力泊位和深水航道，承接产业转移，发展能源、化工、林浆纸、船舶修造、港口机械等临港型产业及配套产业。2015年，园区产值（贸易值）为629.28亿元。

防城港经济技术开发区位于防城港市东南部沿海，由企沙工业区、大西南临港工业园、东湾物流园三大省级重点园区组合而成，重点布局钢铁、有色金属、能源、化工、新材料、装备制造、粮油以及相关配套产业。2017年2月18日，防城港经济技术开发区在企沙工管委举行挂牌仪式，标志着防城港经济技术开发区正式成立。防城港经济技术开发区规划面积为216平方千米，拥有90千米深水岸线，倚靠防城港，港口设计通过能力8亿吨，已建成一批金属、矿石、化工、粮食、化肥、集装箱等专业化码头及大型综合通用码头。防城港经济技术开发区整合优化了三大省级重点园区的优势，拥有两个国家一类口岸，是国家级示范物流园区，已形成钢铁、有色金属、能源、化工、新材料、装备制造、粮油食品和现代物流产业基地，产业集聚效应日益凸显。

钦州港经济技术开发区位于钦州市南部沿海，1996年6月经广西壮族自治区人民政府批准设立自治区级钦州港经济技术开发区，2010年

11月11日经国务院批准升级为国家级经济技术开发区。辖区内有中国与东盟最前沿的开放合作平台——广西钦州保税港区、中国第三个由两国政府合作共同开发的中国-马来西亚钦州产业园区等多个"国字号"平台。该开发区是北部湾经济区"半小时经济圈"的中心区域，是广西沿海航运体系的中心门户，是广西沿海重要的交通枢纽，也是中国-东盟国际大通道的前沿窗口和大西南最便捷的出海大通道。钦州港经济技术开发区目前正在大力实施"港城联动，产业兴区"发展战略，努力把开发区打造成为国家级石化产业基地、国际大型临港产业重要合作基地、北部湾集装箱干线港和"一带一路"有机衔接的重要门户港以及生态宜居滨海新城，从而进入国内先进国家级经济技术开发区行列。

中国-马来西亚钦州产业园区（简称"中马钦州产业园区"）是中外政府合作建设的第三个国际园区。在中马两国政府的大力支持下，中马钦州产业园区与马来西亚-中国关丹产业园区共同开创"两国双园"国际产能合作新模式，成为"一带一路"倡议的先行探索和积极实践，也是中国-东盟自由贸易区升级版的重要探索。中马双方建立了部长级的"两国双园"联合合作理事会和司局级协调机制，两园在"两国双园"合作框架下推进政策创新，积极探索开展联合招商、"两国一检"、国际产能合作和跨国金融服务支持，在金融、税收、土地、人才等方面给予特殊政策。随着园区启动区"三年打基础"工作基本完成，从2016年开始，园区开发建设进入产城项目加快推进的"五年见成效"新阶段。

2008年5月29日国务院正式批准设立广西钦州保税港区，这是继上海洋山、天津东疆、大连大窑湾、海南洋浦、宁波梅山之后的全国第六个保税港区，也是我国中西部地区唯一的保税港区。广西钦州保税港区规划总面积为10平方千米，由码头作业区、保税物流、出口加工区和综合服务区组成，现已全面开港运营，各项业务开展顺利。2015年，园区产值（贸易值）为708.5亿元。

广西凭祥综合保税区于2008年12月19日经国务院批准设立，是全国获批的第四个综合保税区，也是全国第一个在陆路边境线上设立的综合保税区，总规划面积为8.5平方千米。凭祥综合保税区产业配套区已于2016年8月26日开工建设，总规划面积为0.724平方千米，投资18亿元，将建设轻工产业园、机电加工产业园及东盟特色资源加工产业园3个产业园，重点发展国际贸易、保税物流、加工贸易等口岸经济业务。2015年，凭祥综合保税区进出口总额达186.59亿美元，在全国综合保税区中排名第12位，园区产值（贸易值）为1167.68亿元。

玉林龙潭产业园成立于2008年5月，位于广西北部湾经济区五大功能组团之一的铁山港（龙潭）组团所在地博白县龙潭镇，是全区八大重点园区之一。产业园主要以承接产业转移、发展临港型产业、建设海峡两岸（广西玉林）农业合作试验区为重点，着力打造以有色金属冶炼与加工以及物流与仓储为主的产业基地。2015年，园区产值（贸易值）为125.08亿元。

五、风起弄潮，见证城市的变迁

城镇化是现代化的必由之路，是推动经济转型升级的重要抓手，是促进城乡区域协调发展的重要途径，是广西与全国同步全面建成小康社会、履行"三大定位"新使命的重要支撑。"看得见山，望得见水，记得住乡愁"，这是我们理想的城镇，也是每一个都市人的梦想。城市不仅仅是一个景观、一个居住的空间，还是居住在这里的人们的希望和情怀依托。

十年前初到北部湾的人，总会有这样的疑问：处于沿海又是较早的开放城市，和粤港澳几乎同一纬度，且一湾连七国，还是西部地区重要的出海大通道，为什么会长期处于经济欠发达的状态？历史上的北部湾没有扬帆大海，而是封闭在十万大山。苏醒后的北部湾，紧跟国家加快发展的步伐，曾经"沿海经济的洼地"逐渐变成沿海经济增长新的一级。

　　加入世贸组织后，我国城镇化速度加快，城乡之间的人口流动越来越频繁，在中国–东盟自由贸易区建设大背景下开放开发的北部湾也不例外。作为我国对东盟国家开放开发的前沿，北部湾吸引着无数心怀抱负的青年离开熟悉的家乡，带着情感与抱负来到这里。在奔波忙碌的间隙，北部湾经济区的发展逐渐渗透他们的生活，深刻影响着生活在这片大地上的每一个人。城市建设的最终目的是让百姓有更多获得感，北部湾的成就定格了人们脸上流露出的幸福与满足。

（一）同城化看城市崛起

　　广西处于后发展欠发达地区，经济发展水平的滞后导致其城镇化水平不高。1978～2012年，广西城镇常住人口从360万人增加到2038万人，城镇化率也从10.64%提高到43.53%；城镇建成区面积从181平方千米增加到2298平方千米，年均增加60平方千米；城市数量从4个增加到35个，建制镇数量从66个增加到715个，南宁、柳州成为城区人口超百万的特大城市；14个中心城市成为引领广西经济增长的主要平台，75个县成为县域经济发展的重要载体（图7–3、图7–4）。

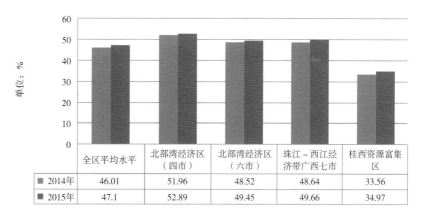

	全区平均水平	北部湾经济区（四市）	北部湾经济区（六市）	珠江–西江经济带广西七市	桂西资源富集区
■ 2014年	46.01	51.96	48.52	48.64	33.56
■ 2015年	47.1	52.89	49.45	49.66	34.97

图7–3　2014年、2015年广西主要区域城镇化对比

图7-4　快速发展中的南宁（南宁东盟商务区）

2013年4月，广西壮族自治区人民政府印发了《广西北部湾经济区同城化发展方案》。2013年7月1日起，南宁、北海、防城港、钦州和崇左率先取消了移动电话漫游费和长途费。2013年10月，这5个城市间的固话长途费取消。与此同时，南宁、北海、防城港、钦州取消同一银行内一切以异地为依据设立的差异化收费项目，一律不再收取异地业务费用，银行服务收费同城化。2014年12月，海关与检验检疫部门合作实行"一次申报，一次查验，一次放行"的通关模式，推行至广西所有监管场所。2015年6月3日起，南宁、北海、防城港、钦州的居民在这几个城市范围内购房，均可向购房所在地住房公积金管理中心申请贷款。2015年6月30日，广西社会保障"一卡通"管理系统正式运行，60%的医疗保险定点机构基本实现互联互通。南宁、北海、防城港、钦州的户口迁移实现网上审批，四市实现异地办理赴港澳商务签注"免异地核查"，南宁、北海、钦州三市实现汽车异地检验。从城市公共交通互联互通入手，南宁、北海、防城港、钦州逐步实现交通"一卡通"。

南宁、北海、钦州、防城港四市户籍、通信、金融、交通、社会保障等领域的同城化，促进了北部湾经济区内城际融合和一体化发展，使经济区内的老百姓享受到更多的便利和实惠。

同城化的变革给市民带来了幸福感，让经济得以腾飞。高铁时代的到来，让北部湾经济区成为"一小时交通圈"，一日走遍北部湾经济区四城：早上到钦州三娘湾看海豚，中午走一趟东兴金滩，晚上还可以逛逛北海银滩。北部湾经济区南宁、北海、防城港、钦州城市群的建设，辐射带动了玉林、崇左两个片区城市一体化发展，进而影响到百色，实现沿海城市和腹地城市互动发展，共同进步。在北部湾同城化效应的影响之下，北部湾经济区的各项经济发展指标在广西都处于领先地位，投资回升，消费平稳，进出口大幅上涨，地区生产总值、外贸进出口总额和规模以上工业增加值高速增长。北部湾经济区已成为拉动广西经济增长的重要引擎。

（二）城市群引领未来

经过多年的实践，城市，尤其是超大城市的集聚效应日益凸显。2017年，我国珠三角、长三角、京津冀、长江中游和成渝地区五个超级城市圈，虽然仅占中国国土面积的11%，但是常住人口却超过了全国总人口的40%，创造了全国55%的GDP。城市群是指在特定地域范围内，以一个以上特大城市为核心，由至少三个以上大城市为构成单元，依托发达的交通、通信等基础设施网络，所形成的空间组织紧凑、经济联系紧密，并最终实现高度同城化和高度一体化的城市群体。城市群是工业化和城镇化发展到高级阶段的产物，也是都市区和都市圈发展到高级阶段的产物。当前，无论是建设雄安新区，推进粤港澳大湾区建设，还是上海发布多个城市群规划，都在表明未来应以城市群建设引领新型城镇化发展，以城市群经济引领未来经济发展。

北部湾背靠祖国大西南，毗邻粤港澳，面向东南亚，位于全国"两横三纵"城镇化战略格局中沿海纵轴的最南端，是我国沿海沿边开放的交会地区，在我国与东盟开放合作的大格局中具有重要战略地位。2017年2月16日，国家发改委网站公布了《北部湾城市群发展规划》，广西、广东、海南三省（区）的十五个城市在规划范围内，将构建"一湾双轴、一核两极"的城市群框架。其中，南宁市被定位为核心城市，将建成特大城市和区域性国际城市。城市群内的产业发展将各有侧重，交通也会更为迅速便捷，面向多个方向及东盟的通道将更为顺畅。

北部湾城市群规划范围包括广西壮族自治区南宁市、北海市、钦州市、防城港市、玉林市、崇左市，广东省湛江市、茂名市、阳江市和海南省海口市、儋州市、东方市、澄迈县、临高县、昌江县，陆域面积为11.66万平方千米，海岸线2199.75千米，还包括相应海域。北部湾城市群将深化海陆双向开放合作，构建适应资源环境承载能力的空间格局，打造环境友好型现代产业体系，推动基础设施互联互通，共建蓝色生态湾区。

广西要全面提升城镇化发展质量和水平，强化"城镇支点"功能，构建新型城镇化发展格局。一是助推中国-东盟港口城市合作网络建设。与东盟各国港口城市之间围绕互通航线、港口建设、临港产业、国际贸易、文化旅游等方面进行深入探讨和合作，加快与东盟国家共同建设港口城市合作网络，推动中国与东盟各港口城市之间形成航运物流圈、港口合作圈、临港产业圈、旅游合作圈、友好城市合作圈（图7-5）。二是助推北部湾重点城市群发展。做大做强北部湾城市群，使其发挥"牵引机"和"领头羊"作用，建设成为我国面向东盟开放合作的重要门户和服务西南中南地区开放发展新的战略支点的核心引擎，有序承接国际国内产业转移，壮大临海现代产业体系，强化城市分工合作，助推北部湾国家级重点城市群发展。三是助推区域性城镇群和城镇带发展。服务西南中南城市产业发展、基础设施和公共服务设施建设，加强与长沙、株洲、湘潭、武汉、成都等城市联动，形成桂东南城镇群、右江河谷城镇带和南崇城镇带，实现主要城市之间的资源共建共享、产业互补融合发展，建立多个国际贸易物流节点和加工基地。

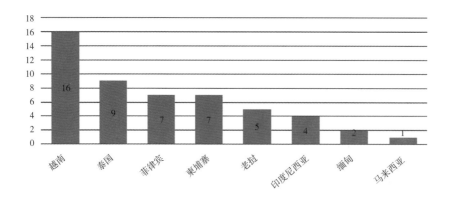

图7-5 广西与东盟国家建立友好城市情况

六、转身向海，隆起沿海新一极

十年磨一剑，弹指一挥间。2006年3月22日，广西北部湾经济区应运而生。2008年1月，国家正式批准实施《广西北部湾经济区发展规划》，标志着北部湾经济区开放开发上升为国家发展战略。回首过去的十年，面对经济下行压力持续加大的严峻形势和艰巨繁重的改革发展稳定任务，广西牢牢把握稳中求进工作总基调，主动适应经济发展新常态，全面实施"双核驱动"战略，大力推进北部湾经济区、珠江-西江经济带、左右江革命老区"三区统筹"发展，经济社会发展迅猛，民生等各项事业得到显著改善。

（一）"核"的作用初步显现

2006～2015年，北部湾经济区（南宁、北海、防城港、钦州）生产总值增长了3.1倍，占广西生产总值的比重由29.5%提高到34.9%；财政收入增长了4.5倍，占广西财政收入的比重由30.1%提高到40.6%。北部湾经济区以占广西不到五分之一的土地和四分之一的人口，创造了广西三分之一以上的经济总量、五分之二的财政收入。北部湾14个重点产业园的产值达到6730亿元，逐步形成了以石化、电子信息、冶金新材料、粮油食品、造纸、海洋为主导的特色现代产业体系。2006～2016年广西北部湾经济区（南宁、北海、防城港、钦州）主要经济指标如表7-2所示。2006～2016年广西北部湾经济区（南宁、北海、防城港、钦州、玉林、崇左）地区生产总值对比如图7-6所示。

表7-2 2006～2016年广西北部湾经济区主要经济指标（四市）

年份	地区生产总值（亿元）	全社会固定资产投资（亿元）	公共财政预算收入（亿元）	社会消费品零售总额（亿元）	进出口总额（亿美元）
2006年	1418.09	722.25	86.34	595.69	—
2007年	1764.60	965.03	109.96	706.14	40.84
2008年	2156.01	1292.30	137.20	871.01	60.55
2009年	2492.99	1994.51	177.16	1042.84	66.39
2010年	3042.75	2796.72	228.65	1237.96	76.94
2011年	3770.17	3671.74	277.22	1465.88	113.11
2012年	4268.59	4513.52	339.98	1710.96	148.90
2013年	4817.43	4246.04	384.02	1968.12	149.50
2014年	5448.72	4810.12	415.19	2197.63	191.17
2015年	5867.15	5623.51	447.06	2424.19	240.88
2016年	6488.83	6386.86	468.01	2691.21	—

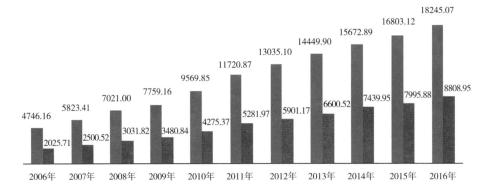

图7-6 2006～2016年广西与北部湾经济区（六市）地区生产总值对比

（二）"通"的网络日益完备

2006年以前，北部湾经济区只有为数不多的几个万吨级港口，高速公路和机场建设十分落后，高速铁路更是为零。到2016年初，北部湾经济区高速公路通车里程已达到1735千米，占广西高速公路通车里程的40.5%（图7-7）；高速铁路实现公交化运行，形成了北部湾经济区内各市的"一小时经济圈"和通往区内其他主要城市的"两小时经济圈"（图7-8）；南宁吴圩国际机场完成改建，T2航站楼投入运营。当前，借助中新（重庆）战略性互联互通示范项目的辐射作用，广西与重庆、甘肃、贵州和新加坡积极协商合作，共同探索中国西部地区由重庆经广西北部湾经济区连通新加坡的南向通道，形成"一带一路"经西部地区的完整环线和有机衔接"一带一路"的国际陆海贸易新通道。北部湾经济区已成为我国重要的区域性交通枢纽，正在向区域性国际航运中心迈进。

单位：千米

图7-7　2000～2015年主要年份广西高速公路通车里程情况

单位：千米

■ 铁路营业里程　■ 时速200公里及以上里程

图7-8　1995～2015年主要年份广西铁路营业里程情况

（三）"合"的效应更加凸显

广西是我国唯一一个与东盟国家海陆相连的省区。以2004年11月第一届中国-东盟博览会和中国-东盟商务与投资峰会在广西南宁市举办为起点，广西不断加强与东盟国家的高层交往和政策沟通，着力构建中国-中南半岛经济走廊、中国-东盟港口城市合作网络和中国-东盟信息港三大国际通道，推动相关地区陆上、海上、天上、网上四位一体的联通。此外，广西还以跨境经贸合作园区推进国际产能合作，以基础设施联通带动贸易畅通、资金融通、民心相通。北部湾经济区相继建成了钦州保税港区、凭祥综合保税区、南宁综合保税区，开创了包含中马钦州产业园区和马中关丹产业园区的"两国双园"模式。中国-东盟港口城市合作网络项目建设进入实施阶段，截至2017年，已连续成功举办十四届中国-东盟博览会、中国-东盟商务与投资峰会和九届泛北部湾经济合作论坛（表7-3）。随着面向东盟的开放合作平台不断丰富，"南宁渠道"综合效应不断释放。越南、老挝、柬埔寨、缅甸、泰国、马来西亚等东盟国家纷纷在南宁设立领事机构，香港特别行政区政府驻广西联络处成立，东盟十国和日韩商务联络部建成使用，东兴、凭祥国家重点开发开放试验区等一批"一带一路"重点平台正加快建设。北部湾经济区成为我国与东盟国家开放合作交流最活跃、平台最完善、机制最丰富、潜力最可期的先行区之一。

表7-3 2004～2017年历届中国-东盟博览会经贸成效统计信息

	总展位数(个)	总展位数增长率(%)	展览面积(万平方米)	东盟展位数(个)	参展企业总数(家)	参展参会客商人数(人)
第一届	2506	—	5	626	1505	18000
第二届	3300	31.68	7.6	696	2000	25000
第三届	3350	1.52	8	837	2000	30000
第四届	3400	1.49	8	1126	1908	33480
第五届	3400	0.00	8	1154	2100	36538
第六届	4000	17.65	8.9	1168	2450	48619
第七届	4600	15.00	8.9	1178	2200	49125
第八届	4700	2.17	9.5	1161	2300	50600
第九届	4600	−2.13	9.5	1264	2280	52000
第十届	4600	0.00	8	1294	2300	55000
第十一届	4600	0.00	11	1223	2330	55700
第十二届	4600	0.00	10	1247	2207	65000
第十三届	5800	26.09	11	1459	2670	65000
第十四届	6600	13.79	12.4	1523	2709	77255
合计	60056	—	125.8	15956	30959	661317

注：数据来源于中国－东盟博览会网站（http：//www.caexpo.org/）。

涵盖南宁、北海、钦州、防城港、玉林、崇左六市的北部湾经济区位于北部湾顶端的中心，中国-东盟自由贸易区、泛北部湾经济合作区、大湄公河次区域、泛珠三角经济区在此交会，区位优势得天独厚。十多年来，北部湾经济区在国家区域发展总体格局中的地位和作用显著提升，迅速从偏居西部的边陲，变成多区域合作的中心；从经济发展相对滞后的板块，变成引领广西加快发展的龙头；从默默无闻的区域，变成了投资兴业的热土；从地方题材变成了国家战略，成为我国经济增长最快也最具潜力和活力的经济区域之一。十多年来，北部湾经济区坚持先行先试，率先成立北部湾办公室，把工作做在前面，最终争取上升到国家战略；坚持规划引领，基于资源节约型、环境友好型绿色发展的理念，将实施国家战略和自身发展相结合，出台各类规划，做好顶层设计，完成规划体系，不断扬长避短、分步实施；坚持项目带动，从基础设施大会战开始，推动产业、园区、开放平台等一系列重大项目和标志性重大工程建设，打开经济区发展的新局面；坚持产业支撑，经济区以园区为载体，落户了石化、钢铁、林浆纸、电子信息、核电、冶金新材料、轻工食品等一大批重大产业和企业，布局临海产业，逐步实现集群化发展；坚持交通优先，从曾经的基础设施是短板，到如今的海陆空全方位交通体系和四通八达的公路铁路运输网络，交通条件的改善是经济区持续发展的基础条件；坚持开放先导，发挥广西在沿海沿边上的优势，立足国家战略，把北部湾建设成为多个区域合作的平台，发挥和东盟国家开放合作的纽带作用。

七、碧海新涛，服务"一带一路"

2015年3月8日，习近平总书记参加十二届全国人大三次会议广西代表团审议时指出，随着国家推进"一带一路"建设，广西在国家对外开放大格局中的地位更加凸显。要加快形成面向国内国际的开放合作新格局，把转方式调结构摆到更加重要位置，做好对外开放这篇大文章。"一带一路"战略规划对广西的定位，是发挥广西与东盟国家陆海相连的独特优势，加快北部湾经济区和珠江-西江经济带开放开发，构建面向东盟的国际大通道，打造西南中南地区开放发展新的战略支点，形成

21世纪海上丝绸之路和丝绸之路经济带有机衔接的重要门户。如果能够形成这样的一个格局，广西发展这盘棋就走活了。为此，广西要实施更加积极主动的开放战略，构建更有活力的开放型经济体系，扩大和深化同东盟的开放合作，构筑沿海沿江沿边全方位对外开放平台，在开放中加强交流合作，在竞争中争取先机和主动。

2000多年前，广西北海成为对外开放、通商往来的重要门户，是中国古代最早的"向海之城"，承担着国家政策层面的对外通商任务。2017年4月19日，习近平总书记到广西壮族自治区考察调研，首站来到北海市。在铁山港公用码头，总书记同工人们亲切交谈。他说，今天考察了合浦汉代博物馆和铁山港码头，这都与"一带一路"有着重要联系，北海具有古代海上丝绸之路的历史底蕴，我们现在要写好新世纪海上丝路新篇章。"一带一路"倡议提出3年来，国际社会广泛响应，这是人心所向。我们要在"一带一路"框架下推动中国大开放大开发，进而推动实现"两个一百年"奋斗目标、实现中华民族伟大复兴，携手同心共圆中国梦。

从国家对广西的定位和目前广西发展的实际情况看，创造互联互通的基础条件和环境，是建设"一带一路"有机衔接重要门户的关键。广西要发挥与东盟国家陆海相邻的优势，打造北部湾现代国际强港、区域航运中心、中国-东盟港口城市合作联盟、北部湾现代化综合物流服务中心、公益性物流平台、南宁区域性综合交通枢纽、出边出省大通道，推动关键通道工程建设，连接陆上、海上两级通道，完善和提升西南中南经广西直通东盟、衔接"一带一路"的内联外通、畅通便捷的国际大通道。

实现"一带一路"有机衔接重要门户开放的前沿功能，不应仅仅体现在地理上，更应体现在区域经济合作和人文交流合作走在前列上，实现更高水平的开放。广西应更加积极主动地利用广西北部湾经济区、西江经济带、东兴国家重点开发开放试验区、沿边金融综合改革试验区、中越跨境经济合作区和凭祥综合保税区等开放资源，整合周边国家或国内省区的开放资源，加快对东盟国家的开放；拓展"南宁渠道"，使之成为中国–东盟合作的主要沟通渠道，把中国–东盟博览会打造为中国–东盟合作的"务实合作平台"，更加主动地成为"陆路东线互联互通、海上合作、贸易畅通、人民币东盟化"的主要承担者。

成为"一带一路"有机衔接的重要门户和对东盟开放的前沿，要求广西构建更高层次的面对"一带一路"沿线国家和我国中南西南地区的新型合作平台，建成引领潮流的先行示范区。通过中国–东盟博览会、泛北部湾经济合作论坛等平台，全面加强"一带一路"倡议下的双边、区域、多边合作；加快对东盟国家的技术、产权、商品等交易平台及信息共享平台的建设，积极发展新兴海洋经济，推进中国–东盟渔业合作平台建设，构建广西跨境电子商务公共平台，积极参与北部湾油气资源勘探开发，通过这些新型产业平台的建设，务实推进与东盟国家的经济和产业合作，并探索与东盟国家能源合作的可能性；加快推进广西跨境经济园区和沿边金融综合改革试验区等平台建设，推进跨境电子商务产业园等产业平台发展，引导企业与沿线国家加强合作；加大在"一带一路"沿线国家和地区举办广西商品展及投资推介会的力度。

实现"一带一路"的有机衔接，要求广西对技术、资金、信息、人才、商品等各类发展要素进行匹配和优化，实现更高层次的要素集聚；推动各市加大城市功能完善、人才体系构建、科技平台搭建和人才平台搭建的力度，充分利用好国家给予广西的政策优势，打造各类发展要素集聚的洼地；依托中国–东盟技术转移中心、中国–东盟信息港、中国–东盟商品交易中心等平台，争取国家在广西布局股权交易中心、大宗商品交易所、亚投行广西分支机构等，形成辐射更广、影响更大、水平更高的要素平台，推动与中南西南地区及东盟国家的务实合作。

（一）通道在海，构建面向东盟国际大通道

首先，应扩大内陆腹地范围，构建云南、贵州、四川、重庆、甘

肃、湖南等西南、中南地区经北部湾港口出海的主通道；强化与东盟国家和"一带一路"沿线国家的港口合作，打造东盟国家各港口及我国西南中南地区经由北部湾港集散中转的海上大通道，成为中国-东盟区域性生产要素高效跨境流动、高度跨境聚集的重要渠道与主要载体。

其次，要大力发展港口集装箱运输，增开航线，加快制定中国-东盟港口城市合作网络行动计划，完善中国-东盟港口城市合作网络与机制，加强海上物流信息化合作，培育集装箱、件杂货、散货等班轮航线，经北海、钦州、防城港抵达东盟各主要港口城市，联通越南、老挝、缅甸、柬埔寨、泰国、印度尼西亚、马来西亚、新加坡、文莱、菲律宾等国家的重点城市，与中国沿海、东南亚、南太平洋及印度洋的"一带一路"沿线国家衔接。对南宁—钦州、黎塘—钦州两条支线铁路进行电气化改造并延伸至钦州港区，扩容南宁—钦州—钦州港区的高速公路，建设南宁—凭祥、南宁—湛江高速铁路及双向电气化铁路，通过湘桂现代高速铁路衔接"郑新欧"丝绸之路经济带；优先打通断头路段，畅通瓶颈路段，着力贯通南昆与粤港铁路，提高珠江-西江黄金水道内河通航能力，构建沟通西南地区与粤港澳的水上通道，构建联通中南半岛、衔接"一带一路"沿线国家的东西铁路战略新通道，实现海铁联动；加快南宁航空中转枢纽建设，拓展与"一带一路"沿线国家民航合作，构建干支衔接、便捷快速的空中走廊；尽快形成江海联运、水陆并进、空港衔接、海铁联运"四位一体"的海上国际大通道。设立广西"一带一路"海铁联运综合试验区，努力建设中国-东盟海铁联运的标志性枢纽；建立海铁联运模式以及内陆无水港网络，扩大内陆腹地市场的空间范围。

（二）支点靠海，打造面向西南、中南战略支点

首先，应打造我国西南、中南地区开放发展新的战略支点，这符合全国区域发展总体战略深入推进新要求，顺应我国与东盟开放合作不断

深化的新形势。广西是中西部地区唯一有沿海港口的省区，要顺应东部产业转移的趋势，扩大向西、向南的开放，以开放促发展，打造西南、中南地区开放发展新的战略支点，更有力地辐射、带动腹地发展，促进结构优化，提高发展的质量和效益。

其次，要建设中国-东盟大宗物资集散中心，借助铁路运输扩大广西沿海港口群及临海产业园的影响力，服务于中国西南、中南地区的出海需求；加快推进东兴、凭祥国家重点开发开放试验区建设和跨境经济合作，完善口岸和保税物流体系，打造面向西南、中南和东盟的现代商贸物流支点；打造中国-东盟海洋金融合作示范区，为广西和东盟的企业提供"装备+金融"的一站式系统解决方案，通过多元化的金融服务手段扩大海洋产业的规模，促进海洋产业结构升级，提升整体竞争力；加强与东盟国家在文化体育、教育科技、医疗卫生等方面的民间交流和经贸往来，创建区域性国际人力资源培养与交流中心，建设中国-东盟联合大学、中国-东盟文化交流中心、中国-东盟海洋国际合作中心，巩固传统友谊，促进共同繁荣发展，打造民心相通支点；加快建设北部湾港口群电子商务平台、电子数据交换信息平台以及跨境物流公共信息平台，打造跨境供应链服务体系，建设跨境电商物流口岸物联网，搭建"网上丝绸之路"平台。

（三）门户向海，形成"一带一路"有机衔接重要门户

广西要紧紧围绕政策沟通、道路联通、贸易畅通、货币流通、民心相通，形成"一带一路"连接的现代产业带，构建起连接中国与东盟地区生产要素、中间产品、最终成品的大通道，由此形成带动西南、中南腹地发展的引领能力，形成"四维支撑、四沿联动"的国际、国内全方位开放发展新格局。

首先，应突破交通运输瓶颈。建设通往边境地区和周边省份的关键通道，开通南宁—新加坡专列，推动中国—中南半岛经济走廊、中国—

新加坡经济走廊建设，促进国际通关便利与多式联运的有机衔接。利用钦州、北海、防城港的六个国家一级口岸，加强与广东湛江、海南海口以及越南海防和岘港等港口的合作，通过建设城际高速铁路和公路，建立环北部湾港口各口岸互动的沿海枢纽通道；利用广西沿边沿海的优势条件，在东兴、凭祥两个国家重点开发开放试验区的基础上，充分发挥口岸的开放门户作用，大力发展口岸经济，建设边海经济带。

其次，要突破贸易便利化瓶颈。推动广西与周边省份在综合保税区、保税加工区等方面的合作，实现技术标准互认。构建海关、工商、质检、财税、交通、金融等多部门共享的大物流信息平台，推动广西与东盟国家之间实行"合作查验、一次放行""执法互认、单边验放"的"两国一检"新模式。尽快完善口岸工作联席会制度，实现物资、人员出入境的便利化，实现通关、物流、贸易管理与服务等计算机系统的互联互通和信息共享，推进口岸管理现代化。

最后，需突破服务效率瓶颈。深化行政审批改革，简政放权，重点解决办事程序烦琐、官本位思想、政策落实不到位等问题，努力提高行政效能，改善贸易投资软环境，激发市场活力。设立专门机构，统一管理广西边境口岸地区和沿海口岸区，大力推进创新先行的同时，向国家争取联动实行特殊的监管政策、经济政策和行政管理措施，加快项目、资金、人才、规划和政策的聚焦，营造具有自由贸易功能的市场环境，建设具有国际水准的口岸都市区。

（四）推动西部区域向海经济快速发展

习近平总书记指出：广西有条件在"一带一路"建设中发挥更大作用。要立足独特区位，释放"海"的潜力，激发"江"的活力，做足"边"的文章，全力实施开放带动战略，推进关键项目落地，夯实提升中国–东盟开放平台，构建全方位开放发展新格局。

国家对广西在"一带一路"建设中的新定位，为广西开放发展带来前所未有的历史机遇。靠山吃山，靠海吃海，广西要坚持陆海统筹，推动西部区域向海经济快速发展。

首先，应形成海陆互动机制。坚持陆海统筹，形成陆海内外联动，推动广西区内与西南、中南地区及"一带一路"沿线国家在区域合作、产业发展、向海机制、基础设施等方面的联动，加快形成陆海统筹、内外联动、区域间协调的发展格局。利用中国-东盟博览会、中国-东盟商务与投资峰会等国际合作平台，以及桂台合作、泛珠三角区域经济合作和大西南区域经济合作等省际区域合作平台，以优越的向海资源、区位和政策条件，推动广西与贵州、云南、四川、重庆、湖南、甘肃等省（区、市）的跨省海陆互动以及与港澳台之间的海陆互动，不断加强广西与西南地区在战略规划、产业协同、要素配置、生态环保等方面的合作，促进省际资源、产业和市场一体化。推进北部湾经济区与京津冀、珠三角和长三角经济区的对接互动，积极推动产业分工与协作，支持企业在海洋产业、高端制造业、现代服务业、科技教育等领域开展合作，促进市场开放融合。

其次，要提升开放发展水平。推进面向东盟的重点领域开放合作和先行先试，着力建设沿海沿边沿江开放新平台，提升服务西南、中南地区开放发展的能力和水平。继续办好中国-东盟博览会和中国-东盟商务与投资峰会，设立西南、中南开放发展专题展区或论坛，在跨境合作、跨境金融、跨境电子商务、国际旅游、国际劳务合作、贸易自由化及投资便利化等方面加大宣传、展示、推介力度，扩大"南宁渠道"影响力。加强与东盟国家口岸、海关、检验检疫合作，助推区域质量安全信息和信用一体化，推进与西南、中南、珠三角地区通关一体化。积极参与和推动大湄公河次区域合作、中越"两廊一圈"合作及泛北部湾论坛，着力构建中国-东盟港口城市合作网络，加快建设中国-东盟信息港，推进中国-中南半岛经济走廊合作。联合中南、西南地区加快对外贸易合作发展，助推广西加工贸易倍增计划，建设各种特色专业性合作平台机制。

最后，需加快服务产业转型升级。"三大定位"要求广西要以提质增效转型为核心，强化创新驱动，加快构建现代产业体系，助推广西与西南、中南地区的产业合作和参与中国-东盟及全球产业链分工，促进我国产业发展整体水平和国际竞争力的提升。一是助推先进制造业基地建设。围绕海洋工程装备及高技术船舶、高端数控机床与机器人、石墨烯、通用航空等先进制造业和节能环保、北斗导航、智能装备制造、生物、新能源汽车、新材料、新能源、生命健康、新一代信息技术等战略性新兴产业，助推北部湾经济区和西南、中南地区的先进制造业基地建设，培育新兴产业集群。通过产业园区招商大会，加快与西南、中南地区合作共建临海、沿边产业园区。加强广西与我国西南、中南地区和东盟国家在石油、天然气、煤炭、黑色金属、有色金属、新能源等领域的互利合作，提高能源资源供应保障能力。二是助推区域性现代商贸物流中心建设。聚焦中国-东盟商品交易中心、中国-东盟（凭祥）农产品专业市场、中国-东盟（供销）物流园等商贸市场建设，加快建设中国-东盟南北果蔬集散中心，促进大宗商品、特色农产品流通集散。提升促进现代服务业集聚发展的能力，对接西南中南地区、粤港澳专业联盟及行业协会，吸引客商兴办专业服务机构，打造中国-东盟服务业集聚区。提升现代物流体系构建的能力，围绕现代仓储、冷链冷藏、电子商务物流、智慧物流、多式联运物流体系等主题，加强与中南西南地区的洽谈合作，深化拓展面向东盟和粤港澳的现代物流业合作。三是助推区域性国际旅游目的地和集散地建设。在中国-东盟博览会框架下，举办西南、中南地区及泛珠三角区域旅游部门会议及相关专业论坛和旅游推介会，构建西南中南区域联动和无障碍旅游，组建跨省区旅游联盟，建立和完善旅游突发事件联合应急处置机制，推动旅游一体化发展。

参考文献

[1]曹磊，宋金明，李学刚，等.滨海盐沼湿地有机碳的沉积与埋藏研究进展[J].应用生态学报，2013，24（7）：2040-2048.

[2]陈文捷，阳国亮，温丽玲，等.广西北部湾旅游可持续发展SWOT分析[J].东南亚纵横，2009（11）：48-52.

[3]陈增奇，金均，陈奕.中国滨海湿地现状及其保护意义[J].环境污染与防治，2006，28（12）：930-933.

[4]戴艳平.广西北部湾滨海旅游资源的深度开发研究[J].钦州学院学报，2012，27（1）：25-28.

[5]邓超冰.北部湾儒艮及海洋生物多样性[M].南宁：广西科学技术出版社，2002.

[6]杜振川.南海北部湾盆地构造特征及对沉积的控制作用[J].河北煤炭建筑工程学院学报，1997（1）：55-59.

[7]段晓男，王效科，逯非，等.中国湿地生态系统固碳现状和潜力[J].生态学报，2008，28（2）：463-469.

[8]范航清，彭胜，石雅君，等.2007.广西北部湾沿海海草资源与研究状况[J].广西科学，2007，14（3）：289-295.

[9]范航清，邱广龙，石雅君，等.中国亚热带海草生理生态学研究[M].北京：科学出版社，2011.

[10]范航清，石雅君，邱广龙.中国海草植物[M].北京：海洋出版社，2009.

[11]范恒君.基于RMPP分析的滨海生态旅游开发模式探析——以广西北部湾为例[J].安徽农业科学，2012，40（9）：5371-5373.

[12]国家林业局.中国湿地保护行动计划[M].北京：中国林业出版社，2000.

[13]国家林业局.中国湿地资源：广西卷[M].北京：中国林业出版社，2015.

[14]韩秋影，黄小平，施平，等.广西合浦海草床生态系统服务功能价值评估[J].海洋通报，2007，26(3)：33-38.

[15]韩秋影，施平.海草生态学研究进展[J].生态学报，2008，28(11)：5561-5570.

[16]何安尤，王大鹏，程胜龙，等.广西北部湾珍稀动物现状调查与研究[J].安徽农业科学，2013，41(34)：13258-13261.

[17]何斌源，潘良浩，王欣，等.乡土盐沼植物及其生态恢复[M].北京：中国林业出版社，2014.

[18]胡望水，吴婵，梁建设，等.北部湾盆地构造迁移特征及对油气成藏的影响[J].石油与天然气地质，2011，32(6)：920-927.

[19]黄咣凯.北部湾钻获高产油气井[J].海洋地质动态，1996(1)：3.

[20]黄晖，马斌儒，练健生，等.广西涠洲岛海域珊瑚礁现状及其保护策略研究[J].热带地理，2009，29(4)：307-312.

[21]黄丽华.南中国海珊瑚礁生态保护与管理[J].琼州学院学报，2011，18(5)：105-107.

[22]黄小平，黄良民，李颖虹，等.华南沿海主要海草床及其生境威胁[J].科学通报(增刊)，2006，51：114-119.

[23]黄小平，黄良民.中国南海海草研究[M].广州：广东经济出版社，2007.

[24]黄欣碧，龙盛京.半红树植物水黄皮的化学成分和药理作用研究进展[J].中草药，2004，35(9)，1073-1076.

[25]贾瑞霞，仝川，王维奇，等.闽江河口盐沼湿地沉积物有机碳含量及储量特征[J].湿地科学，2008，6(4)：492-499.

[26]焦念志，李超，王晓雪.海洋碳汇对气候变化的响应与反馈[J].地球科学进

展，2016，31（7）：668-681.

[27]焦念志，骆永明，周云轩，等.蓝碳研究进展与中国蓝碳计划［M］//王伟光，郑国光，巢清尘，等.应对气候变化报告（2015）.北京：社会科学文献出版社，2015：238-248.

[28]黎广钊，梁文，农华琼，等.涠洲岛珊瑚礁生态环境条件初步研究［J］.广西科学，2004，11（4）：379-384.

[29]黎遗业，黄新颖，陈冬梅.广西红树林湿地生态保护与生态旅游开发研究［J］.广西热带农业，2008（2）：34-37.

[30]黎遗业.广西红树林湿地现状与生态保护的研究［J］.资源调查与环境，2008，29（1）：55-60.

[31]李崇蓉.对广西滨海旅游开发的思考［J］.南方国土资源，2004（9）：13-14，17.

[32]李春干.广西红树林的数量分布［J］.北京林业大学学报，2004，26（1）：47-52.

[33]李春荣，张功成，梁建设，等.北部湾盆地断裂构造特征及其对油气的控制作用［J］.石油学报，2012，33（2）：195-203.

[34]李华，杨世伦.潮间带盐沼植物对海岸沉积动力过程影响的研究进展［J］.地球科学进展，2007，22（6）：583-591.

[35]李淑，余克服.珊瑚礁白化研究进展［J］.生态学报，2007，27（5）：2059-2069.

[36]李燕.北部湾经济区滨海旅游业发展模式研究［J］.钦州学院学报，2011，26（6）：83-86.

[37]李兆华，付其建.北海市滨海旅游资源的开发与保护［J］.广西职业技术学院学报，2010，3（1）：71-74.

[38]梁士楚.广西的红树林资源及其可持续利用［J］.海洋通报,1999,18（6）：77-83.

[39]梁文，黎广钊，范航清，等.广西涠洲岛珊瑚礁物种生物多样性研究［J］.海

洋通报，2010，29（4）：412-416.

[40]梁文，黎广钊.涠洲岛珊瑚礁分布特征与环境保护的初步研究[J].环境科学研究，2002，15（6）：5-7，16.

[41]廖超明，叶世榕，周晓慧，等.广西区域现今地壳运动构造特性研究[J].武汉大学学报（信息科学版），2008，33（8）：854-858.

[42]廖国一.防城港的贝丘遗址与北部湾海洋文化的起源[J].史前研究，2010：266-271.

[43]林鹏，傅勤.中国红树林环境生态及经济利用[M].北京：高等教育出版社，1995.

[44]刘慧，唐启升.国际海洋生物碳汇研究进展[J].中国水产科学，2011，18（3）：695-702.

[45]刘永泉，凌博闻，徐鹏飞.谈广西钦州茅尾海红树林保护区的湿地生态保护[J].河北农业科学，2009，13（4）：97-99.

[46]刘志鹏，韦栋梁，王光洪.北部湾经济区矿产资源可持续力研究[J].中国矿业，2011，20（2）：17-21.

[47]陆健健.中国滨海湿地的分类[J].环境导报，1996（1）：1-2.

[48]莫稚，陈智亮.广东东兴新石器时代贝丘遗址[J].考古，1961（12）：644-649.

[49]孟宪伟，张创智.广西壮族自治区海洋环境资源基本现状[M].北京：海洋出版社，2014.

[50]莫永杰.涠洲岛海岸地貌的发育[J].热带地理，1989，9（3）：243-248.

[51]广西壮族自治区地方志编纂委员会.广西北部湾经济区志[M].南宁：广西美术出版社，2011.

[52]潘良浩，史小芳，曾聪，等.广西滨海盐沼生态系统研究现状及展望[J].广西科学，2017，24（5）：453-461.

[53]潘小玲.广西北部湾滨海旅游可持续发展研究[D].南宁：广西大学，2011.

[54]乔延龙，林昭进.北部湾地形、底质特征与渔场分布的关系[J].海洋湖沼通报，2007(S1)：232-238.

[55]任女.两岸经济合作视角下北部湾经济区海洋经济发展研究[D].桂林：广西师范大学，2013.

[56]沈永明.江苏沿海互花米草盐沼湿地的经济、生态功能[J].生态经济，2001(9)：72-73.

[57]宋金明，赵卫东，李鹏程，等.南沙珊瑚礁生态系的碳循环[J].海洋与湖沼，2003，34(6)：586-592.

[58]王丽荣，赵焕庭.珊瑚礁生态保护与管理研究[J].生态学杂志，2004，23(4)：103-108.

[59]王秀君，章海波，韩广轩.中国海岸带及近海碳循环与蓝碳潜力[J].中国科学院院刊，2016，31(10)：1218-1225.

[60]韦栋梁，刘志鹏，王光洪.北部湾经济区矿产资源勘查开发利用评价[J].西部资源，2010(6)：23-26.

[61]伍淑婕.广西红树林生态系统服务功能及其价值评估[D].桂林：广西师范大学，2006.

[62]谢复飘.北部湾广西海岸第四纪岸线变迁[J].技术与市场，2013，20(3)：135-136.

[63]徐东霞，章光新.人类活动对中国滨海湿地的影响及其保护对策[J].湿地科学，2007，5(3)：282-288.

[64]许淑梅，吴鹏，张威，等.南海关键地质历史时期的古海岸线变化[J].海洋地质与第四纪地质，2013(1)：1-10.

[65]许小红，甘永萍，李日曼.广西北部湾经济区旅游可持续发展评价[J].亚热带资源与环境学报，2014，9（4）：78-87.

[66]许战洲，罗勇，朱艾嘉，等.海草床生态系统的退化及其恢复[J].生态学杂志，2009，28（12）：2613-2618.

[67]严宏强，余克服，施祺，等.南海珊瑚礁夏季是大气CO_2的源[J].科学通报，2011，56（6）：414-422.

[68]严宏强，余克服，谭烨辉.珊瑚礁区碳循环研究进展[J].生态学报，2009，29（11）：6207-6215.

[69]颜慧慧，王凤霞.中国海洋牧场研究文献综述[J].科技广场，2016（6）：162-167.

[70]阳国亮，陈文捷，潘小玲.基于循环经济理论的旅游可持续发展研究——以广西北部湾滨海城市为例[J].广西社会科学，2011（5）：20-24.

[71]杨红生.我国海洋牧场建设回顾与展望[J].水产学报，2016，40（7）：1133-1140.

[72]杨遒裕.广西北部湾经济区矿产资源的现状与对策研究[J].经济与社会发展，2008，6（11）：9-13.

[73]杨遒裕.广西北部湾经济区矿产资源与能源安全研究[J].广西广播电视大学学报，2011，22（3）：59-62.

[74]杨世伦.海岸环境和地貌过程[M].北京：海洋出版社，2003：12-40.

[75]姚伯初.南海海盆及其周缘沉积盆地的构造演化史[C]//中国地球物理学会.地球物理与中国建设——庆祝中国地球物理学会成立50周年文集.北京：地质出版社，1997：354-356.

[76]于凤芝，方一中.广西钦州独料新石器时代遗址[J].考古，1982（1）：1-8.

[77]余克服，严宏强，陶士臣，等.南海珊瑚礁区的碳循环研究[C]//第四届地球系统科学大会摘要.上海，2016.

[78]张瑞梅.广西北部湾滨海旅游可持续发展探析[J].广西民族大学学报（哲学社会科学版），2011，33（4）：114-118.

[79]张晓龙，李培英，李萍，等.中国滨海湿地研究现状与展望[J].海洋科学进展，2005，23（1）：87-95.

[80]张志强.北部湾盆地构造特征及埋藏史分析[D].广州：中国科学院广州地球化学研究所，2015.

[81]章海波，骆永明，刘兴华，等.海岸带蓝碳研究及其展望[J].中国科学：地球科学，2015，45（11）：1641-1648.

[82]赵志刚，吴景富，李春荣.北部湾盆地洼陷优选与油气分布[J].石油实验地质，2013，35（3）：285-290，295.

[83]郑凤英，邱广龙，范航清，等.中国海草的多样性、分布及保护[J].生物多样性，2013，21（5）：517-526.

[84]中共广西壮族自治区委员会党史研究室.北部湾崛起50年[M].桂林：广西师范大学出版社，2017.

[85]朱坚真，乔俊果，师银燕.环北部湾滨海旅游产业发展与滨海旅游体系建设研究[J].桂海论丛，2008（2）：44-47.

[86]朱坚真，周映萍，刘集众.环北部湾滨海旅游资源开发与保护初探[J].中央民族大学学报（哲学社会科学版），2009，36（3）：29-34.

[87]《广西北部湾经济区十年》编纂委员会.广西北部湾经济区十年：2006—2015[M].南宁：广西人民出版社，2016.

[88]BIRD M I，FIFIELD L K，CHUA S，et al. Calculating sediment compaction for

radiocarbon dating of intertidal sediments[J]. Radiocarbon, 2004, 46(1): 421–435.

[89]CHEN L Z, WANG W Q, ZHANG Y H, et al. Recent progresses in mangrove conservation, restoration and research in China[J]. Journal of Plant Ecology, 2009, 2(2): 45–54.

[90]CHMURA G L, ANISFELD S C, CAHOON D R, et al. Global carbon sequestration in tidal, saline wetland soils[J]. Global Biogeochemical Cycles, 2003, 17: 1–12.

[91]DONATO D C, KAUFFMAN J B, MURDIYARSO D, et al. Mangroves among the most carbon-rich forests in the tropics[J]. Nature Geoscience, 2011, 4: 293–297.

[92]DUARTE C M, MIDDELBURG J, CARACO N. Major role of marine vegetation on the oceanic carbon cycle[J]. Biogeosciences, 2005, 2: 1–8.

[93]FOURQUREAN J W, DUARTE C M, KENNEDY H, et al. Seagrass ecosystems as a globally significant carbon stock[J]. Nature Geoscience, 2012, 5(7): 505–509.

[94]HERR D, PIDGEON E, LAFFOLEY D, et al. Blue Carbon Policy Framework: Based on the Discussion of the International Blue Carbon Policy working Group[J]. IUCN and Arlington, CI, 2012: 44.

[95]HUAGN X P, HUANG L M, LI Y H, et al. Main seagrass beds and threats to their habitats in the coastal sea of South China[J]. Chinese Science Bulletin, 51 (sup. II), 2006: 136–142.

[96]KAYANNE H, SUZUKI A, SAITO H. Diurnal Changes in the Partial Pressure of Carbon Dioxide in Coral Reef Water[J]. Science, 1995, 269: 214–216.

[97]KENNEDY H, BEGGINS J, DUARTE C M, et al. Seagrass sediments as a

global carbon sink：Isotopic constraints［J］. Global Biogeochemical Cycles，
2010，24.

［98］LIU H X，REN H，HUI D F，et al. Carbon stocks and potential carbon storage in the
mangrove forests of China［J］. Journal of Environmental Management，2014，133：
86-93.

［99］MCLEOD E，CHMURA G L，BOUILLON S，et al. A blueprint for blue carbon：toward
an improved understanding of the role of vegetated coastal habitats in sequestering CO_2
［J］. Frontiers in Ecology and the Environment，2011，9（10）：552-560.

［100］MCMANUS J W，POLSENBERG J F. Coral-algal phase shifts on coral reefs：
Ecological and environmental aspects［J］. Progress in Oceanography，2004，60（2）：
263-279.

［101］NELLEMANN C，CORCORAN E，DUARTE C M，et al. Blue Carbon. A Rapid
Response Assessment［J］. United Nations Environment Programme，GRID-Arendal，
2009：78.

［102］ORTH R J，CARRUTHERS T J B，DENNISON W C，et al.，A global crisis for
seagrass ecosystems［J］. BioScience，2006，56（12）：987-996.

［103］REGNIER P，FRIEDLINGSTEIN P，CIAIS P，et al. Anthropogenic perturbation of
the carbon fluxes from land to ocean［J］. Nature Geoscience，2013，6：597-607.

［104］ROBERTSEN，A I，ALONGI，D M. Tropical mangrove ecosystems［R］. Washington，
D C：American Geophysical Union，1992：63-100.

［105］SANDERS C J，SMOAK J M，NAIDU A S，et al. Organic carbon burial in a mangrove
forest，margin and intertidal mud flat［J］. Estuarine Coastal and Shelf Science，
2010，90：168-172.

[106]SCHLESINGER W H. Biogeochemistry: An Analysis of Global Change[J]. 2nd Ed. San Diego, CA: Academic Press, 1997.

[107]SHORT F T, POLIDORO B, LIVINGSTONE S R, et al. Extinction risk assessment of the world's seagrass species[J]. Biological Conservation, 2011, 144(7): 1961-1971.

[108]SIFLEET S, PENDLETON L, MURRAY B C. State of the Science on Coastal Blue Carbon: A Summary for Policy Makers[J]. Report NI R 11-06. Nicholas Institute for Environmental Policy Solutions, 2011.

[109]VAN TUSSENBROEK B I, VILLAMIL N, MÁRQUEZ-GUZMÁN J, et al. Experimental evidence of pollination in marine flowers by invertebrate fauna[J]. Nature Communications, 2016, 7: 12980.

[110]YAN H Q, YU K F, SHI Q, et al. Seasonal variations of seawater Pco_2 and sea-air CO_2 fluxes in a fringing coral reef, northern South China Sea[J]. Journal of Geophysical Research: Oceans, 2016, 121(1): 998-1008.

[111]YANG S L. The Role of Scirpus Marsh in Attenuation of Hydrodynamics and Retention of Fine Sediment in the Yangtze Estuary[J]. Estuarine, Coastal and Shelf Science, 1998, 47(2): 227-233.

[112]ZEHETNER F. Does organic carbon sequestration in volcanic soils offset volcanic CO_2 emissions? [J]. Quaternary Science Reviews, 2010, 29: 1313-1316.

图书在版编目（CIP）数据

北部湾 / 许贵林等编著. —南宁：广西科学技术出版社，2018.10
（我们的广西）
ISBN 978-7-5551-1052-1

I.①北… II.①许… III.①北部湾—概况 IV.①P722.7

中国版本图书馆CIP数据核字（2018）第208738号

策 划：骆万春 责任编辑：陆媛峰 梁珂珂 助理编辑：吴桐林
美术编辑：韦娇林 责任校对：周华宇 责任印制：陆 弟
出版人：卢培钊
出版发行：广西科学技术出版社 地址：广西南宁市东葛路66号 邮编：530023
电话：0771-5842790（发行部） 传真：0771-5842790（发行部）
经销：广西新华书店集团股份有限公司 印制：雅昌文化（集团）有限公司
开本：787毫米×1092毫米 1/16 印张：17.25 插页：8 字数：248千字
版次：2018年10月第1版 印次：2018年10月第1次印刷
本册定价：128.00元 总定价：3840.00元